万能钥匙

[美] 查尔斯·汉尼尔————著

秦传安 王瑞————译

图书在版编目(CIP)数据

万能钥匙/(美)查尔斯·汉尼尔著;秦川安,
王瑞译.—北京:中央编译出版社,2024.3(2024.12重印)
ISBN 978-7-5117-4625-2

Ⅰ.①万… Ⅱ.①查… ②秦… ③王… Ⅲ.①成功心理－通俗读物 Ⅳ.① B848.4-49

中国国家版本馆 CIP 数据核字(2024)第 027951 号

万能钥匙

选题策划	张远航
责任编辑	郑菲菲
责任印制	李 颖
出版发行	中央编译出版社
网　　址	www.cctpcm.com
地　　址	北京市海淀区北四环西路 69 号(100080)
电　　话	(010)55627391(总编室)　(010)55627392(编辑室)
	(010)55627320(发行部)　(010)55627377(新技术部)
经　　销	全国新华书店
印　　刷	北京盛通印刷股份有限公司
开　　本	880 毫米 ×1230 毫米　1/64
字　　数	148 千字
印　　张	6.25
版　　次	2024 年 3 月第 1 版
印　　次	2024 年 12 月第 2 次印刷
定　　价	48.00 元

新浪微博:@中央编译出版社　　微　信:中央编译出版社(ID:cctphome)
淘宝店铺:中央编译出版社直销店(http://shop108367160.taobao.com) (010)55627331

本社常年法律顾问:北京市吴栾赵阎律师事务所律师　闫军　梁勤
凡有印装质量问题,本社负责调换。电话:(010)55627320

写在前面

——查尔斯·汉尼尔传略

查尔斯·F. 汉尼尔,美国著名作家、商人,美国科学联合会、作家联合会、心理学研究会、圣路易慈善协会和圣路易商会会员。

汉尼尔出生于美国密歇根州的安娜堡,在圣路易市开始了他的商业生涯。他曾为创办自己的公司而辞职,并最终成功创建了当时最大的企业集团之一。

汉尼尔写过几本书,分别由圣路易心理学研究会和他在纽约的万能钥匙学会出版。书中，汉尼尔总结了自己取得成功的方法和心得。除了创作于1912年的《万能钥匙》一书之外，汉尼尔还著有《精神化学》和《新心理学》等书。

《万能钥匙》是迄今为止关于自我提高和深层自省的最经典作品之一。本书从如何致富写到怎样保健，可谓包罗万象。在这本书中，汉尼尔不遗余力，精确阐释每一个话题，逻辑缜密，用词严谨，让人读起来如沐春风，心智也为之豁然开朗。然而，此书自出版到1933年为止，共销售了20万册，之后，似乎就销声匿迹了：它于1933年被美国教会列为禁书，70年不见天日！

据传，比尔·盖茨在哈佛大学读书的时候偶然看到了汉尼尔的《万能钥匙》。正是这本书，让他产生了退学的念头，去实现其"人人桌上都有一台电脑"的梦想。结果如何，想必读者都已经知道了……

70年间,在美国硅谷有一个尽人皆知的秘密,那就是:每个硅谷创业者都是通过研习汉尼尔先生80年前笔耕的结晶,才掘到了自己的财富。从硅谷起家的百万富翁到亿万富翁,几乎每个人都读过这本《万能钥匙》。由于本书被列为禁书,直到近年才得以重见天日,因此一度在硅谷掀起了一股秘密复印该书的热潮。

"万能钥匙"是一套这样的体系:它传授为一切成就奠定基础的终极原则、理念、因果和法则。如果你希望有所成就,"万能钥匙体系"会告诉你怎样去做。如能充分利用这一体系,结果将令你大吃一惊,不敢置信。正因如此,如今世界各地有越来越多的人开始学习"万能钥匙体系"。

在24章的篇幅里,《万能钥匙》阐述了生命以及创造性人生的基本原理,而这正是汉尼尔本人所领悟到并付诸实践的。汉尼尔的学说,主要是关于精神力量的正确引导和恰当利用——而这些,乃是真正的创造力与行动、和谐与健康、爱与幸福以及种种可能性的关键之所在。在这本书中,每一章都被设计成函授课程的形式,以便于读者研习。

人世间古老的智慧,由某位能够感悟到它、并把它与普遍理念相结合的人写下来,它并不属于任何特定的知识体系。因此,对于《万能钥匙》这部篇幅不大的常识性作品,即便是随意翻阅,其中的金玉良言也会让你目不暇接、受益匪浅。这也是它在面世94年之后,依然鲜活如初的理由。

汉尼尔于1949年去世,被安葬在圣路易的贝尔方丹公墓。沃尔特·B.史蒂芬形容汉尼尔先生是"一个具备成熟的判断力,能够冷静地观察生活并正确地估价生活中的际遇、可能、需求和职责的人。"

改变人生的伟大法则

逝者如斯，万物皆变。不管我们多么渴望，时间永远都不会为我们驻留。每个有着健全理性的人，都不希望自己如同一棵能言会走的植物一般终其一生，而更想在精神上不断发展、提高和完善自己，直至生命旅途的终点。

这种完善，只有通过个体思维方式的提高以及随之而来的理念、行动和状况的改变来实现。因此，创造性思维方式以及如何学习应用这种思维方式，对我们每个人来说，都尤为重要。了解了这一知识，也就获得了人类生活得以加速和提升的秘诀。

对于"真理"，人类向来以不懈的热诚上下求索。在求索的过程中产生了一类专门的著述，起始于极其琐碎卑微，至臻于无上庄严崇高，构筑了一部思想史的阶梯——从神学以及五花八门的哲学，一直到"万能钥匙体系"的终极真理。

"万能钥匙体系"贡献给世界的,是一种开发利用宇宙大智慧的手段,以及由此而来的与每位读者的雄心壮志相契合的无穷魅力。

我们看到,我们身边由人类力量所创造的每一事物、每项制度,最初都是作为一种思想观念存在于某些人的头脑之中。是的,思想是极具建设性的。人类的思想,是宇宙通过它的创造物而得以运行的精神能量。《万能钥匙》教给读者如何使用这种能量——建设性地、创造性地使用它。要使我们渴望实现的事情和状况成为现实,我们首先就要在头脑中创造它们。《万能钥匙》所诠释并引导的,正是这一进程……

"万能钥匙体系"所讲授的内容,现已用24课函授教程的形式出版了,学习者每周学习一节课程,24周学完。今天的读者一次性领到了24课的内容,需要注意的是,不要像读小说那样囫囵吞枣,而应把它当作一项研究课程来对待,细心地领会每章的要义——每周只读一章,反复咀嚼,第二周再进行下一章的学习。否则,后面的部分就很容易被误解,这对读者的金钱和时间都是一种浪费。

请按照上述说明使用这把"万能钥匙",它会让你的人格更伟大、更优秀,会让你获得新的力量,去实现璀璨的人生目标;让你拥有新的才能,去享受生命的美丽与神奇!

F.H.伯吉斯

前　言

有的人，似乎轻而易举就攫取了财富、权力，功成名就；有的人虽然也成功了，但成功却来之不易；还有的人，他们所有的雄心、梦想和抱负，都完全付诸东流。人与人之间何以会有如此差距呢？为什么有的人能毫不费力地实现自己的雄心壮志，有的人却要付出百倍的艰辛，还有一些人则一败涂地？原因必定不在于人的体魄，否则，那些伟人一定就是体格最健壮的人了。差异必定是精神上的——必定在于人的心智，创造力全在于人的内心。人的心智，构成了人与人之间的唯一差异。在人生旅途中，正是心智使我们能超越环境、战胜困难。

如果我们能深刻理解思想的创造力，就可以看出它的惊人功效。但如果没有适当的勤奋和专注，这样的效果也不会有。读者会发现，各种规律一直在控制着我们的道德世界和精神世界，如同物质世界中的规律一样，毫厘不爽。要获得理想的结果，了解并遵循这些规律是必不可少的。恪守规律，就会得到准确的结果。如果你懂得自己的能力就来自内心，懂得你之所以软弱仅仅是因为你依靠外在的帮助；如果你毫不犹豫地投身于自己的想法之中，就可以迅速调整自己，昂首挺胸，以积极的心态，去创造奇迹。

很显然，如果不能透彻地研究并利用这一奇妙的经验，掌握这一最新的伟大科学成果，你很快就会落在后面，因为你否认并拒绝接受通过了解这一规律而给人类带来的益处。

诚然,头脑可以轻而易举地创造出积极的条件,但同样也可以毫不费力地创造出消极的条件。在你有意或无意地想象各种匮乏、局限和混乱的同时,也就创造了这些不利的条件——而很多人总是下意识地这样去做。

像任何别的规律一样,这一规律也绝不会因人而异,它永不停息地运行,不讲情面地严格按照各人的创造回报他们,换句话说就是,"种瓜得瓜,种豆得豆"。

因此,财富的获得,依赖于对"财富规律"的认知。事实上,"头脑"不仅仅是创造者,也是唯一的创造者。毫无疑问,任何事物都是在我们已知它可以被创造出来,并付出相应的努力之后才被创造出来的。当今的世界,并没有比50年前多了"电"这样的东西,而是当有人发现了电的规律,并使之服务于人以后,我们才从中受益。如今,人们已了解了电的规律,全世界都因此而被它所照亮。"财富规律"也是如此，只有那些认识它、遵循它的人，才能分享到它所带来的好处。

现在，科学的精神已应用于各个领域，因果关系不再为人们所忽视。

在任何领域中，规律的发现都标志着人类发展的新时代。它消弭了人类生活中变幻莫测的因素，代之以原则、推理和确定性。

如今，人们已懂得"事凡有果，势必有因"这个道理，所以，人们如果想要实现自己的志向和抱负，就得为这一愿望创造出它所必需的特定条件。

所有规律的发现都基于归纳推理，即把大量个别的事例进行对比，直到找出其中的共通之处。

纵观文明诸邦，繁荣昌盛、学术兴隆，其卓越领先之处，莫不归功于这种研究方法。它能延长寿命，减轻痛苦，跨越江河；它能用白昼的光芒点亮黑夜；它也能拓宽视界，加速运动，消灭距离，促进交流；它可以使人类上翔太空、下探深海。试想，人类若能行动起来，致力于将此种研究体系的福祉扩展为他们的思维方式，那时，将会出现怎样的奇迹！显而易见，任何结果的产生，都源自某种特定的思维方式，而我们所要做的仅仅是把结果分类。

这是科学的方法，也是能够让我们保持某种程度的自由与独立（我们习惯于将其视之为不可剥夺的权利）的唯一方法。因为，只有当所谓的"国家准备"（National Preparedness）意味着健康节余的不断增长、办事（无论公私）效率的持续积累、科学和艺术的日益进步，并愈加努力地使国家发展的方方面面都以提高个体或集体的生存质量为核心，且围绕其运转，这个民族方可立足内外，安枕无忧。

《万能钥匙》基于绝对的科学真理，它将揭示个体生命的潜能，使它进入激活状态，令人的效率和才能大有进益，使人精力充沛、世事洞明、活力迸发、不屈不挠。读者若能领会其中揭示的精神法则，必将有能力把不敢奢望的梦想变为现实，其丰厚的回报实在无法言传。

《万能钥匙》阐述了如何正确运用精神属性中积极和能动的因素，教会我们识别机遇；它能够坚定意志，加强推理能力，教给人们如何培养并正确运用想象力、欲望、感情和感官直觉。它赋予人抉择的智慧、理性的同情和主动进取、坚韧不拔的精神，以及在更高层面上全面享受生活的乐趣。

《万能钥匙》教给人们使用精神能量，真正的精神能量，而不是替代品或曲解的产物；万能钥匙与催眠术、魔术或任何让人迷醉一时的骗术毫不相干，更不会像它们那样误导人们，以为"无须耕耘，就可收获"。

《万能钥匙》力图培养并加深人们对生命的感悟，从而使人掌控自身，常葆健康。它也能增强人的记忆力,提高人的洞察力——这种罕有的洞察力,是每一位成功的商业人士所必备的特质,能使人在任何情境下对机遇和困难都洞若观火,使人有能力把握住近在咫尺的大好时机。而在现实生活中,往往有成千上万人对于近在咫尺的机遇视而不见,却为了比登天还难的事情而费尽周章,最终只能是一无所获。

《万能钥匙》重在开发精神能量,这意味着它可以让其他人本能地认为你就是一个有力量、有个性的人——让他人心甘情愿地听命于你;意味着你对于身边的人和事具有吸引力,意味着你就是所谓的"幸运儿",一切皆能"心想事成";意味着你能够感悟自然的基本法则,达到天人合一的境界;意味着你就是无穷无限;意味着你了解吸引力的真谛,了解成长的自然规律,以及在社交圈和商业圈中赖以生存的心理学法则。

精神能量是极具创造力的,它使你有能力为自己而创造,而不是从别人的身上巧取豪夺。大自然向来不屑此举。大自然让原先只有一片草叶的地方生长出一对叶片,精神力量之于人类,也是如此。

《万能钥匙》旨在开发人的洞察力,增强人的独立性,令你具有远见卓识,有助于提高能力,改进性情;它能摧毁猜疑、消沉、恐惧、忧郁等各种软弱,打破局限,消解匮乏;它可以唤醒沉睡的才能,给你胆魄与活力,令你积极进取、精神百倍;它将唤醒你对艺术、文学、科学之美的感受能力。

它改变了成千上万男女老少的生活——以明确的原则,取代了那些飘忽不定、云遮雾罩的方法,而每一种效率体系都奠基在这些原则之上。

美国钢铁集团董事长埃尔伯特·加里曾这样说:"在多数大型企业中,顾问、专家、培训师等成功有效的运作管理诚然不可或缺，但我坚信，对正确原则的重视和采纳更是重中之重。《万能钥匙》之所以有别于其他学习课程，就在于它不但教给人正确的原则，而且提出了实践这些原则的方式方法。它教你懂得：任何原则所具备的唯一可能的价值，就在于对它的应用。许多人读书、自学、听讲座，然而终其一生，都没有取得任何能够证明这些理论的实际进展。凭借《万能钥匙》所提出的方法，可以佐证它所讲授的原则，并在日常经验中付诸实践。

世界的思想观念总是不断变化的。这种变化如今也正在我们身边静悄悄地发生，成为自异教衰亡以来这个世界所经历的最为重大的思想变革。

当今发生的这场革命，正改变着不同肤色、不同族群人们的观念。从最上层、最有教养的人群，到最底层的劳动阶级，概莫能外。这在人类历史上是空前的。

如今,科学发现浩如烟海,揭示出无尽的资源、无数种可能,展现出那么多不为人知的力量。科学家们越来越难于肯定某种理论,称为定规定法、不容置疑;同样,也极难彻底否定某些理论,称为荒谬不经、绝无可能。一个新的文明就这样诞生了。习俗、教条、残暴正在成为过去,取而代之的是眼界、信念与服务。人类正逐步从传统的羁绊中解脱出来,唯物论的渣滓渐次炼净,思想获得了解放,真理以它的全貌出现在惊讶不已的人群面前。

整个世界正处于觉醒的前夜,它将迎来焕然一新的力量和意识,这是一种来自我们内心的全新力量,是对我们内心的全新认识。20世纪见证了人类历史上最辉煌的物质进步,而21世纪,将给精神力量和心灵力量带来最伟大的进步。

物理科学已经把物质分解为分子,把分子分解为原子,把原子分解为量子,在安布罗斯·佛莱明爵士看来(这在他给英国皇家学院的上书中提到),剩下的事情就是要把能量分解为精神。他说:"能量,就其终极本质而言,只有当它表现为我们所说的'精神'或'意志'的直接运转时,方可被我们所理解。"

让我们看看大自然中最强大的力量是什么。在矿物世界中,一切都是固体的、不易挥发的。在动植物王国中,一切都处于流体状态,永远在变化,永远被创造、再创造。在大气层中,我们可以找到光、热和能量。每一个领域,总是在变得越来越美好,越来越精神化,从有形演变为无形,从粗糙演变为精致,从低潜能演变为高潜能。当我们抵达无形世界的时候,就会发现,能量处于最纯粹、最易挥发的状态。

正如大自然中最强大的力量是无形的力量

一样，我们发现：人类最强大的力量，也是他的"无形"力量，亦即精神力量。而思维过程，是精神力量得以显示的唯一途径。思维是精神过程的唯一活动方式，而观念是思维活动的唯一产物。

是故，增减盈亏，都不过是精神事务而已。推理，乃是精神的过程；观念，乃是精神的孕育；问题，乃是精神的探照灯和逻辑学；而论辩与哲学，乃是精神的组织肌体。

但凡想法，定会招致生命机体某种组织的物质反应，如大脑、神经、肌肉等。这就会引发肌体组织结构中客观的物质改变。所以，只需针对某一给定主题做出一定数量的思考，就能使人的身体组织发生彻底的改变。

这就是失败演变为成功的过程。勇气、力量、灵感、和谐，这些想法取代了原先的失败、绝望、匮乏、限制与嘈杂的声音。它们慢慢在心中生根，身体组织也随之而发生改变，个体的生命将被新的亮光照耀，旧事已经消亡，万物焕然一新，你因此获得了新生。这是一次精神的重生，生命因而有了新的意义——它得以重塑，充满了欢乐、信心、希望与活力。你将看到成功的机遇，而此前你是盲目的。你将发现新的可能，而此前这些可能对你毫无意义。你的头脑中充满了成功的想法，并辐射到你周围的人，他们反过来又会帮助你前进与攀升。你将吸引到新的、成功的合作伙伴，而这反过来又会改变你的外部环境。就是通过这样简单地发挥思想的作用，你不仅改变了自身，也改变了你的环境、际遇和外部条件。

你将会看到，你必定能看到，我们正处在崭新一天的破晓时分。即将到来的各种可能，是如此美妙神奇，如此令人痴醉，如此广阔无边，以至于几乎令你目眩神迷。19世纪，一个人不要说有飞机了，哪怕只有一挺格林机关枪,就足以歼灭整整一支用当时的武器装备起来的大军。眼下也正是如此。任何人,只要认识到了《万能钥匙》中所包含的可能性,都将获得难以想象的优势,从而卓冠群伦,傲视苍生。

目　录

第一章　发现你内在的力量　　　　　　　／1

第二章　成功要靠自己　　　　　　　　　／17

第三章　态度决定一切　　　　　　　　　／32

第四章　我要成为怎样的人，就能成为

　　　　怎样的人　　　　　　　　　　　／47

第五章　自己创造想要的一切　　　　　　／62

第六章　盯住目标，全神贯注　　　　　　／77

第七章　打开"上帝"的锦囊　　　　　　／91

第八章　思想决定行动　　　　　　　　　／107

第九章　首先改变自己　　　　　　　　　／124

第十章　凡有果，必有因　　　　　　　　／143

第十一章	不要限定自己的思考能力	/ 159
第十二章	集中你的能量	/ 175
第十三章	没什么不能没有梦想	/ 190
第十四章	拒绝负面思想	/ 206
第十五章	洞察力	/ 220
第十六章	把你的理想视觉化	/ 235
第十七章	有渴望，才有希望	/ 251
第十八章	引力法则——左右生活的终极力量	/ 267
第十九章	有知才能无畏	/ 280
第二十章	不愿"劳心"，就得"劳力"	/ 294
第二十一章	敢于提出大设想	/ 310
第二十二章	改造自己的内心世界	/ 325
第二十三章	有舍才能有得	/ 340
第二十四章	告诉自己，你能行！	/ 356

第一章　发现你内在的力量

　　一切力量皆来自内在世界，而且绝对在你的掌控之下。它来自准确的认知，来自对准确原则的主动践履。发现自己、运用自己、改造自己，乃是实现任何目标的不二法门。

　　很荣幸在此开讲《万能钥匙》第一章。愿你的生命更有力、更健康、更幸福；也愿你认知这种能量，意识到健康，感悟到幸福，汲取其中的精神能量，直至它们为你所拥有。那时，它们将与你合二为一，再要分开是不可能的。世间万物，对于拥有的内在力量可以控制它们的人来说，都是可以改变的。

你无须去获取这种力量。你已经拥有它。但是,你应该去了解它,运用它,掌控它,把它注入自己的生命之中,这样,你就能够勇往直前,征服面前的整个世界。

日复一日。当你慨然前行,当你动力倍增,当激情的火焰热烈燃烧,梦想的蓝图渐次清晰,内心的感悟与日俱增,那时,你将会认识到,世界绝非一堆没有生气的木石,而是活生生的存在!世界是人类跳动的心房,是生命,是美。

显而易见,感悟是必需的,它与上述一切共同发生作用,而那些深入领悟的人,将被新光照亮,充满崭新的力量,从而每一天都将获得更大的力量与自信。你将认识到,你的希望、你的梦想,都会变成现实。生命的意义也比以往更深刻,更丰富,更清晰。

好了,开始吧,第一章……

在现实生活的各个层面上,"多者愈多"的道理颠扑不破;反过来,"损者愈损"的道理也同样真实可信。

心智是创造性的。外在条件、客观环境以及一切生活际遇,都是我们心灵中习惯性或支配性的心态所造成的结果。

我们的所思所想,必然决定着我们的心态。因此,一切力量、成就与财富,其奥秘全在于我们的思维方式。

这是真的,因为在我们"做"什么之前,我们必定已经"是"什么了。我们只能"做"到我们所"是"的程度。而我们"是"什么,则取决于我们"想"什么。

我们无法显示自己所不具备的力量。要想拥有力量,唯一的途径就是意识到力量的存在,而要想意识到力量的存在,我们就必须懂得:一切力量皆源于内心。

的确存在内在世界——这是一个思想、感觉和力量的世界;一个光明、鲜活而美丽的世界。尽管它无影无形,但却强大有力。

内在世界由精神统治。当我们发现这个世界的时候,就可以找到所有问题的答案,所有结果的动因。既然内在世界可以被我们掌握,那么,一切力量和财富的规律也就尽在我们的掌握之中了。

外在世界是内在世界的映射。相由心生。在内在世界,可以找到无尽的智慧、无尽的能量和无尽的供给,它足以满足一切需求,并等着你去开启、发扬和释放。如果我们认识到了内在世界的潜能,这些潜能就会在外在世界中成形。

内在世界的和谐,将会通过和谐的境况、惬意的环境以及万物的最佳状态反映在外在世界中。这正是健康的基础，也是一切伟大、力量、功绩、成就和胜利的必要条件。

内在世界的和谐，意味着一种能力，它使我们能够控制自己的思想，由自己来决定一切经历加诸我们的影响。

内在世界的和谐，会带来乐观和满足，而内在的满足，也将带来外在的富足。

外在世界，反映出内在意识的情形和境况。

如果我们在内在世界中找到了智慧，就会领悟到如何辨别潜伏在内在世界中的非凡潜能，并将获得在外在世界中彰显这些潜能的能力。

一旦我们认识到了内在世界的智慧，我们就会在精神上拥有这种智慧，并通过对这笔精神财富的拥有，从而拥有实际的力量和智慧，去彰显那些为我们最充分、最和谐的发展所必不可少的本质要素。

内在世界是一个实际的世界。在这个世界中，凡是有力量的男人和女人，都会产生勇气、希望、热情、信心、信赖与信仰。借助这些，你可以获得非凡的才智去领悟梦想，获得实际的能力把梦想变成现实。

生命，不是一个从无到有的过程，而是一个逐渐展开的过程。凡是在外在世界获得的东西，都是我们在内在世界已经拥有的。

一切财富，都建立在认知的基础之上。所得，皆是认知累积的结果。所失，皆是认知耗散的结果。

精神的功效，与和谐紧密相连；不和谐意味着混乱；因此，凡能获得力量的人，必然与自然法则和谐共处。

我们凭借客观的心智与外在世界联结起来。大脑是心智的器官，大脑-脊椎神经系统把我们身体的各个部位自觉地联系在一起。这一神经系统，对光、热、嗅、声、味等一切知觉做出反应。

当我们的心智能够正确地思维，当其通晓

真理之光,当思想通过大脑-脊椎神经系统将建设性的信息传递到身体的各个角落时,这些知觉将是和谐而令人愉悦的。

> 结果:我们正是通过心智,将勇气、活力以及一切建设性的能量注入我们的身体;同样,也是这种客观存在的心智给我们的生活带来许多的悲伤、疾患、匮乏、局限以及各种混杂、不和谐的成分。因此,错误的思维方式将通过客观心智将各种破坏性的力量施加在我们身上。

我们与内在世界的联结是通过潜意识建立的。太阳神经丛是此种心智的器官;交感神经系统操控着各种主观感觉,如快乐、恐惧、爱恋、感情、热望、想象等各种潜意识现象。正是通过这种潜意识我们得以和宇宙精神相联结,和宇宙中无限的建设性力量建立起联系。

生命的伟大奥秘,正在于人类生命这两大中心的协调,以及对其各自功能的感悟。有了这一认知,我们才能够使客观心智和主观心智自觉协作,从而使有限和无限协调统一。我们的未来全然掌握在我们自己手中,而无须听凭反复无常的外部力量所摆布。

所有人都承认,只有一种法则或意念遍及整个宇宙,占满所有的空间,其所在的每个地方,本质上都是一样的。它是无所不能、无所不知、无所不在的。所有思想和意念都在它里面。它是万有中的万有。

宇宙中有且只有一种意念能够思考,当它思考的时候,想法就转变成客观事物。这种意念无所不在,因此也存在于每个人的心中,每个人都是这无所不能、无所不知、无所不在的意念的表现形式。

正因为宇宙中有且只有一种意念能够思考,所以必然引出如下结论:你的认知必须同宇宙意念相一致，换句话说，就是万念归一。这个结论是不容回避的。

集聚在你大脑细胞中的意念，与集聚在他人大脑细胞中的意念并无不同。每个人不过是世界或宇宙精神的个体化。

宇宙精神是静态的或潜在的能量，它仅仅是它，它只能通过个体的人昭示显明，而个人也只有通宇宙才能彰显自身。二者是合二为一的。

个人的思考能力，就是他作用于宇宙并彰显宇宙的能力。人的意识仅在于人的思考能力。我们可以相信，心智本身是一种静态能量的微妙形式。所谓的"想法"就是由此能量而生的，想法是心智的动态阶段。心智是静止的能量，想法是活动的能量——心智和想法是同一事物的不同阶段。想法正是在心智由静到动的转化过程中，绽放出勃勃生机。

一切属性的总和，都包含在宇宙精神之中，它无所不能、无所不知、无所不在。因此，这些属性在每个人身上也无时无刻不是如影随形。所以,当一个人思考的时候,他的想法就被它所拥有的特性所推动,并在客观世界或外在环境中体现出来,与它的源头相呼应。

是的,任何想法皆为因,任何境遇皆为果;由是之故,控制自己的思想以产生令人满意的外部环境,绝对是本质之所在。

一切力量皆来自内在世界,而且绝对在你的掌控之下。它来自准确的认知,来自对准确原则的主动践履。

显而易见,如果你能够对这一法则领会贯通,对自己的思维进程加以掌控,你就能在任何境况中应用它。换言之,你就能够有意识地与无所不能的宇宙法则协作互动,而这一法则乃是万物的根基。

宇宙精神是客观存在的每一粒原子的生命法则;每一粒原子都持续不懈地努力彰显出更多的生机;每一粒原子都是智慧的,它们为何而生,也将为何而尽心竭力。

多数人生活在外在世界中;少数人发现了内在世界。然而,恰恰是内在世界造就了外在的一切。因此,内在世界是富有创造力的,你在外在世界中所找到的一切,都是你的内在世界创造出来的。

当你理解了外在世界与内在世界的这种关系时,这一体系将让你认识到属于自己的力量。内在世界是因,外在世界是果;想要改变结果,必须从根源做起。

你立刻可以看到,这是一种全新的、与众不同的理念;大多数人都是试图通过对结果的运作来改变结果。他们没有看到,这不过是把不幸的形式由一种改变为另一种。要想去掉不和谐,我们必须去掉它的"因",而这个"因",只能在内在世界中找到。

一切生长都源于内在。万物皆然,显而易见。任何植物、动物乃至人类都是这一伟大法则活生生的见证,而往昔的谬误,正是因为人们从外在世界中寻找力量或能量。

内在世界是宇宙中一切供给的源泉,外在世界是喷涌而出的川流。我们接受容纳的能力,取决于我们对这一宇宙源泉的认知,每一个个体都是这种无限能量的出口,而每个人对于其他人而言也都是如此。

认知是一种精神过程,而精神行为正是个体与宇宙精神交互作用的体现;由于宇宙精神是一种无处不在的智慧,充斥天地万物,激发一切生命,这种精神的作用和反作用也就是因果关系的法则,但这一法则并非建立在个体之上,而是建立在宇宙精神之中。它并非客观感受,而是主观进程,它的结果也将体现在一切境遇和经历的无穷变化之中。

为了释放生命,必须先有意念;万事因意念而立。一切事物的存在,都是这一基本物质的某种体现,万物由此被创造出来,并不断被再创造。

我们生活在一片深不可测、可形可塑的精神实体的海洋之中。这种精神实体永远是生机勃发的。它极度敏感。它根据不同的精神需求而成形。它通过思想浇铸的模型或构造的母体而得以表达。

请记住：这种理念的价值仅仅在于对它的应用。对这一法则的实际领悟，将能使富足取代贫困，令智慧取代无知，变混乱为和谐，化暴政为自由。毫无疑问，站在物质和社会的角度上看，没有比这更好的祝福了。

现在，让我们把它付诸实践吧：选一间可以独处、不受打扰的房间，坐直，保持身体放松，但不要懒洋洋地靠着。任思绪徜徉到能够达到完美静止的地方，持续一刻钟或半小时；连续做三四天或一个礼拜，直到你获得对身体的完全控制为止。

有些人会遇到极大的困难,也有人轻而易举就做到了。但要想取得进步,之前必须获得对身体的完全控制,这绝对是必不可少的。下周你将收到下一步的指导。在此期间,你必须完全掌握本章的内容。

要点问答

1. 外在世界和内在世界的关系是什么?

外在世界是内在世界的反映。

2. 一切财富的基础是什么?

一切财富都基于认知。

3. 个体生命是怎样与客观世界联结在一起的?

个体生命是通过客观心智与客观世界联系在一起的。大脑是心智的器官。

4. 个体是如何同宇宙精神相联结的?

个体通过潜意识与宇宙精神相联结。太阳神经丛是潜意识的器官。

5. 什么是宇宙精神?

宇宙精神是客观存在的每一粒原子的生命法则。

6. 个体是如何作用于宇宙的?

每个人进行思考的能力就是他作用于宇宙并彰显宇宙精神的能力。

7. 这种作用和交互作用的结果是什么?

这种作用和交互作用的结果是因与果——任何想法皆为因,任何境遇皆是果。

8. 如何达到和谐、理想的境界?

和谐、理想的境界是通过正确的思维方式实现的。

9. 一切混乱、冲突、匮乏和局限的原因何在?

混乱、冲突、匮乏和局限都是错误的思维方式所导致的结果。

10. 一切力量的源头在何处?

一切力量的源头在于内在世界。内在世界是宇宙供给的源泉、是无穷无尽的能量。每一个个体都是这一源泉向外喷涌的出口。

第二章　成功要靠自己

潜意识是习惯的策源地。如果我们希望健康、富足和成功，我们就该让潜意识领会到自己的想法，它是我们的理想、抱负和想象的源泉。这种力量是人人具备，但却并非人人能够运用的。

我们所遇到的困难，主要源自混乱的观念以及对自身真正兴趣的一无所知。当务之急是要发现自然规律，以便我们调整自己去适应它。因此，清晰的思路和精神上的洞察力具有不可估量的价值。一切过程，甚至包括思维过程，都是建立在坚实的基础之上的。

你的感觉越敏锐，判断越迅速，品味越高

雅，道德感越缜密，才智越精深，志向越高远，现实生活所产生满足感也就越纯粹、越强烈。所以，如果对人类有史以来最优秀的思想进行研习，一定会获得至高的享受。

在全新的诠释之下，精神的力量、效用与可能性，比最辉煌的成就，甚或比物质进步的梦想，都更加神奇。思想就是能量。积极的思想便是积极的能量；集中的思想便是集中的能量。集中于某一明确目标的思想将化作力量。这种力量一直被那些既不相信贫穷的美德也不相信克己之美的人所利用。他们认识到，对贫穷或克己的赞美，不过是懦夫的空谈。

接收并彰显这种力量的能力，取决于认识无限能量的能力，这种能量一直就驻留在人的身上，不断创造、更新着人的身体和心灵，并时刻准备着以必要的方式在人身上彰显出来。个体在外在生活中所彰显出来的东西，与他对这一真理的认知成正比。

本章将阐述认知这种力量的方法。

心智的运转,是由两种平行的行为模式产生的:一种是显意识,一种是潜意识。戴维森教授说:"那些想要用自己有限的显意识去说明精神行为整个范畴的人,无异于想要用一支蜡烛照亮整个宇宙。"

潜意识的逻辑运行是准确有序的,绝无出错的可能。我们的心智是一件精心设计的杰作,它为我们准备了最重要的认知基础,而我们却丝毫不能理解它的运转方式。

灵魂的潜意识,就像一位素不相识的慈善家,默默地为我们劳作,满足我们的需求,用成熟的浆果喂养浇灌我们。对思想过程的终极分解表明,潜意识是最重要的精神现象上演的舞台。

莎士比亚正是通过潜意识,毫不费力地领悟了最伟大的真理——而这真理就埋藏在一个普通学生的显意识之下。正是通过潜意识,菲迪亚斯创作了大理石和青铜雕塑,拉斐尔画出了圣母像,贝多芬写成了交响乐。

我们做事的从容不迫、尽善尽美,完全取决于我们不再依靠自己的显意识;弹钢琴、溜冰、打字、老练的商业行为等种种完美的技巧,统统取决于潜意识过程。一边在钢琴上弹奏华丽的乐章,一边引导一场风趣的谈话——这种奇迹充分体现了潜意识的神奇功效。

我们都清楚自己对潜意识的依赖。我们内心的思想越是伟大、高贵、卓越,我们就越明确地认识到,其源头就潜藏在我们的视野之外。我们发现,造物主赋予我们在艺术、音乐等方面的技巧、本能和美感,其源头或居所,全部在我们的潜意识之中。

潜意识的价值是无限丰富的。它激励着我们,警示着我们;它从记忆的储藏室中为我们提取姓名、场景和事件;它引导我们的思想、品味，帮助我们完成复杂的任务，任何显意识都没有能力做到这些。

我们可以随意徜徉，可以振臂欢呼；可以随心所欲地用眼睛去看，用耳朵去听。然而，我们不能使自己的心脏停止跳动，阻止自己的血液循环，也无法压制躯体的生长，或是阻挠神经和肌肉组织的形成、骨骼的发育，以及其他种种生理机能。

如果我们比较这两组行为，一种是听从当前的意愿发号施令，另一种则宏伟庄严、有条不紊、毫不动摇、持续不变地进行；那么，我们便会对后者肃然起敬，并设法去解释其中的奥秘。我们就会立刻认识到，这些正是我们肉体生命的成长过程，我们无法回避这样的结论，即这些至关重要的功能从它被创造以来就不受我们外在意愿的约束，不被各样的纷扰波动所影响，它自始至终被置于我们永恒而可靠的内在力量的管理之下。

在这两种力量当中，外在的可变能量被称作"显意识"，或是"客观意识"（针对外在客体的意识）。内在的能量被称作"潜意识"，或是"主观意识"。后者能在精神层面发挥作用，并保障肉体生命功能的有序进行。

我们很有必要细察它们在精神层面上各自的功能，以及各自运行的基本准则。其中，显意识通过五种感官对生命外在的客体及其印象产生作用。

显意识具有鉴别识察的功能，同时负有选择的责任。它有推理的能力，包括归纳、推论、分析、演绎等等，这种能力可以得到很高的开发程度。它是意志以及由意志释放出的所有能量的策源地。

显意识不仅能够对其他的精神活动施加影响，也能够引导潜意识的活动。从这一方面来讲，显意识是潜意识的统治者和监护人，它对潜意识负责。正是这一高级功能，使它可以彻底扭转你的生活境况。

情况常常是这样的：由于潜意识不曾设防，因为接受了错误暗示的缘故，恐惧、焦虑、贫乏、疾患、冲突等各种阴云就会笼罩在我们上空。对这些，训练有素的显意识可以用警觉的保护行为把它们拒之门外。由此，显意识可以被称作潜意识重要领地的"门卫"。

一位作家曾这样描述这两种心智状态的主要区别："显意识是推理的意志。潜意识是本能的欲望，是过去的推理意志的结果。"

潜意识从外界提供的前提中演绎出正确的推理。前提正确，潜意识便能得出准确无误的结论；反之，如果前提或暗示是错的，整个结构便会坍塌。潜意识不参与证明的过程。要防范错误信息的侵入，要仰赖它的"门卫"——显意识。

潜意识把接收到的所有暗示都看成是正确的，接着，它立刻就在此基础上进行处理，开始它浩大的工程。显意识提供的暗示，既可能是正确的，也可能是错误的。如果是后者，整个生命就要付出面临极大危险的代价。

显意识有责任时刻警醒。当"门卫"擅自"离岗"，或者说，当显意识在纷繁复杂的环境下失去了冷静的判断力，那么，潜意识领域将成为无人之境，各种暗示都会乘虚而入。在惊慌失措的疯狂刺激中，在怒发冲冠时，在不负责任的乌合之众的怂恿之下，或者其他任何激情澎湃的时候，情况就非常危险了。此时，潜意识就向恐惧、憎恨、自私、贪婪、妄自菲薄等来自外部环境或周围人们的负面力量敞开了大门。结果通常是极其不健康的，会给人带来长时间的悲伤压抑。因此，保护潜意识领域不受错误印象的侵害至关重要。

潜意识通过直觉来感知。因此，其过程稍纵即逝。它不等待显意识的缓慢推理，事实上，它根本用不上这些推理。

潜意识从不打盹，也不休息，如同你我的心脏或血液一般。现已发现，只要对潜意识简单陈述需要完成的具体事项，实现所要求结果的力量就开始运转。这就是把我们与伟大的自然力量联系起来的能量之源。最值得我们潜心研究的深层原则，就在其中。

这一法则的运作十分有趣。那些将它付诸实施的人总是发现：当他们约见某人，并预想这将是一次困难的面谈时，某件发生在他们前面的事情会消融假想中的分歧，结果，一切都改变了，变得和谐融洽了。当面对商业上出现的困难时，他们发现自己可以驾驭局面，顺利推延时日，继而找出合适的解决方案。总之，一切都被料理妥当了。事实上，那些学会信任潜意识的人，都能找到可以由自己支配的无穷资源。

潜意识是我们内心准则和志向抱负的策源地。它是我们的审美趣味和利他理想的源泉。

如果内在准则被一点一滴地逐步破坏,美感和利他的本能就会被颠覆。

潜意识不会争辩驳难。因此,如果它接受了错误的暗示,克服这些暗示的稳妥办法,就是利用强大的相反的暗示,不断重复,迫使潜意识接受,最终形成新的、健康的思维习惯和生活习惯,因为潜意识正是习惯的策源地。我们反反复复做某件事,就是使之成为机械性的活动。它不再需要靠判断力行动,而是形成了潜意识固有的模式。如果是健康、正确的习惯,那对我们就是有利的。如果是错误、有害的习惯,治疗的良法便是认识潜意识的无限能量,并提醒它眼下的自由。具有创造性的潜意识,与我们内在的力量源泉相结合,立刻就会创造出我们暗示给它的那种自由。

小结:潜意识的正常功能从物质的层面讲,就是维护生命的常规运转,保存生命、恢复健康、照料后代,包括希望保存一切生命、提高整体环境的内在本能。

从精神的层面讲，潜意识是记忆的仓库；它是港湾，庇护着伟大奇妙的思想旅客，让他们的劳作不受时间和空间的限制；它是生命中实践主动性和建设性力量的源泉，它是习惯的策源地。

从心灵的层面讲，潜意识是理想、抱负和想象的源泉，是认识我们伟大本源的渠道，我们对这一伟大本源的认知，决定了我们对内在力量源泉的理解。

有些人可能会这样问："潜意识如何改变环境呢？"答案是这样的：由于潜意识是宇宙精神的一部分，而部分和整体一定有共通之处，差别只是在量上。我们知道，整体的宇宙精神，是具有创造性的，而思想是心智唯一的活动方式，因此，思想必定也是具有创造力的。

但我们将会发现，简单思维和有意识的、系统的、建设性的引导思维之间，有着巨大的差异。当我们如此引导我们的思维时,我们就和宇宙精神和谐统一了,我们就与"无限"步调一致了,我们就可以运用最强大的现有力量——宇宙精神的创造力。这与其他事物一样,是受自然法则支配的,这个法则可以叫作"引力法则"。这一法则是:精神是具有创造力的,它会自动与其客体相关联,并在客体中彰显出来。

上周我给你布置了一个练习,旨在获得对身体的控制。如果你已经实现了这个目标,你就可以准备进行下一步了。这一回你要开始控制自己的思想。如果可能的话,最好是在同一间居室、同一把椅子、同一个位置上进行。有时候总在一间居室可能不很方便,如果是这样的话,那就看情形而定,只要能够更好地利用可以利用的条件就行。现在,像前一次那样进入完美的寂静状态,你要约束一切思想,这将有助于你控制一切担忧、恐惧和焦虑的念头，使你学会仅仅保留那些你希望抱有的想法。持续训练，直到你完全掌握为止。

你做这个练习，可能每次都坚持不了很长时间。但这个练习是很有价值的，因为它能够切实有效地证明，有多少意念中的不速之客随时准备闯入你的精神世界。

在下周的新课中，你会接触到一个更有意思的训练，但在此之前，掌握本课的训练是必不可少的。

因和果在思想的领域如同在肉眼所能见的物质世界中一样，关系稳定，绝不偏移。精神是一位高明的织女，同时编织出内在性格和外部环境的衣袍。

——詹姆斯·艾伦

要点问答

1. 精神行为的两种模式是什么?

显意识和潜意识。

2. 悠闲从容和完美无缺取决于什么?

悠闲从容和完美无缺完全取决于我们不再依赖显意识活动的程度。

3. 潜意识的价值何在?

潜意识的价值巨大。它引导我们,警示我们,控制生命过程,是记忆的中枢。

4. 显意识的部分功能是什么?

显意识有识别检查的功能;它有推理的能力;它是意志的策源地,并能影响潜意识的活动。

5. 显意识和潜意识的差异是如何表述的?

显意识是推理的意志。潜意识是本能的欲望,是过去的推理意志的结果。

6.为了影响潜意识,应该采取什么样的必要方法?

在内心里陈述你想要的结果。

7.这样做的结果是什么?

如果内心想要的结果与"伟大的自然力量"的前进步伐和谐一致,实现所要求结果的力量就会开始运转。

8.这一规律的运转,其结果是怎样的?

我们的外部环境是客观条件的反映,而这些客观条件,与我们所抱持的、占支配地位的心态相一致。

9.这一法则的名字是什么?

引力法则。

10.这一法则是如何陈述的?

精神是具有创造力的,并自动与其客体相关联,并在客体中彰显出它的能量。

第三章　态度决定一切

我们头脑对待生活的态度,决定着我们的生活境遇。如果我们一无所望,我们就将一无所有;如果我们冀望颇多,我们将得到更多。只有当我们不敢坚持自己的权利的时候,世界才会变得苛刻。

你已经知道人是能作用于宇宙的,这种作用和反作用的结果就是因与果的关系。所以,思想就是因,而你在生活中所遭遇的一切经历,都是果。

既然这样,就不要再为过去或现今的一切境遇有丝毫的抱怨了吧,因为一切取决于你自己，取决于你能不能把环境塑造成你所希望的样子。

努力开发精神能源吧，让它们在现实中实现，它们会听命于你，一切真实的、长久的能力都由此而来。

坚持这一尝试，直到你看到这样的事实——只要你了解了你的潜能，坚定不移地朝着目标努力，你在生命的旅途中任何的努力都不会失败，因为精神力量随时随地都准备向坚定的意愿伸出援手，帮助你把想法和渴望变为明确的行动、事件与条件。

一开始，生命中的一切功能及行动，还只是显意识的结果。但习惯渐成自然，那些起支配作用的念头渐渐浸入了潜意识的领域，然而它们仍然是充满智慧的。我们需要把它们变成自发的意识，或者说潜意识，这样就可以把我们的自我意识解放出来，关注其他。在新一轮的回合中，这些新的行动又渐渐变成了自然的习惯,继而成为潜意识,这样,我们的心智就可以再度从这一细节中解放出来,进一步投入其他的行动中。

当你实现了这些,你就找到了力量的源泉,它将使你能够得心应手地应对生活中产生的各种境遇。

显意识和潜意识的必要互动在神经系统中也有相应的反应。特罗沃德法官指出了影响这种交互作用的良方。他说:大脑-脊椎系统是显意识发生的器官,交感神经系统是潜意识发生的器官。大脑-脊椎系统是我们通过感官接收意识传输的渠道,并控制着全身的动作。大脑-脊椎系统的中枢在脑部。

交感神经系统也有一个中枢,它是一个神经节丛,在胃的后部,名叫太阳神经丛,是精神行为的渠道,而正是这种精神行为,在潜意识中支撑着身体的生命机能。

上述两种系统之间的连接,是通过"迷走神经"建立起来的,迷走神经从脑部延伸出来,作为大脑-脊椎系统的一部分,延伸到胸腔,其分支分布在心脏和肺部,最终穿过横膈膜,脱去表层组织,与交感神经交结起来,这就构成了两个系统的联结,使人成为一个物质上的"单一实体"。

我们知道,每一种想法都是通过大脑接收的,大脑是显意识的器官,它听命于我们的推理能力。当客观想法被认为是正确的,就会被传递到太阳丛,或是主观意识当中,成为我们生命的一部分,然后再作为事实传递给外界。当到达主观意识之后,这些想法就对推理论辩产生了免疫力,不再受其影响。所以,潜意识不能进行推理,它只是执行。它会把客观想法的结论全盘接受。

太阳丛被比作身体的太阳,因为它是分发

能量的中枢机构，负责把全身不断产生的能量传递出去。这种能量是非常真实的能量，这颗太阳也是非常真实的太阳。它所传出的能量被真实的神经运送到身体的各个部位，并在环绕身体的大气中散播开来。

如果这种辐射足够强大，这个人身上就会有很强的吸引力，人们就会说他身上充满人格魅力。这样的人会向周围的人群挥发良好的能量。他的出现，本身就会给那些与他接触的人带来安慰，平息他们精神的风暴。

当太阳丛表现活跃，辐射出生命力的时候，全身各部分的能量就都处于激发状态，这种激发的能量会传递给与他接触的每一个人。它会产生令人愉悦的感觉，体现着生命充满健康和活力，使每一个接触他的人都会有非常美好的感觉。

如果这种辐射受到干扰，感觉就不是美好而是憎恶，通往身体各个部位的生命和能量也就会中止，这就是人类种族之间出现各种弊病、精神和肉体上及环境中受到各样困扰的原因之所在。

人的肉体上出现困扰，是因为身体无法把充足的能量传递出去，并激发身体的各个部位。精神上的困扰是由于显意识依赖于潜意识提供思想能量，而环境上的困扰则是因为潜意识和宇宙精神的联系被破坏了。

因为，太阳丛是部分和整体的交汇点，在这里，有限转化为无限，寂灭转化为创造，宇宙转化为个体，无形转化为可见。太阳丛是生命显现的交点，生命的数量是无限的，个体可以从这个太阳的中心孕育出来。

这个能量的中心是无所不能的，因为它是全部生命和全部智慧的汇合点。它因此能够完成一切所当完成的，这里潜伏着显意识的能量；潜意识能够并且必将执行显意识交付给它的一切计划和使命。

显意识的思想,是这个太阳中枢的操控者。整个机体的生命和能量,都是从这个太阳中心涌流而出的。而我们所抱持的想法,其质量决定着由这个太阳辐射出来的思维的质量。我们的显意识所抱持的想法,其品格决定着这个太阳辐射出的思维的品格,其特性决定着这个太阳辐射出的思维的特性,从而决定着将导致最终结果的人生际遇的特性。

所以,很显然,我们所要做的一切就是让我们内心的光亮照耀八方。我们能够辐射出的能量越多,我们就会以越快的速度把令人不快的境遇改造成令人快乐、受益的源泉。接下来,重要的问题是,如何使内心的发光体闪耀出光芒,如何产生这种能量?

事实证明,不抵抗的思想会使太阳丛不断扩张,抵抗的思想会使这颗太阳黯然失色。愉悦的念头能扩展太阳丛,烦恶的念头也会削减它的光芒。想想勇气、才能、信心和希望,这些都会产生相应的状态。而太阳从最主要的敌人就是恐惧——这个敌人是遮蔽太阳的阴霾,它令太阳的光芒永久失色。——我们必须彻底摧毁这个敌人,才能让太阳的光芒辉耀万方。要彻底打垮、消灭这个敌人,把它驱逐出境、直到永远。

正是这个实在的恶魔,让人恐惧过去、恐惧现在、恐惧将来;让人恐惧自己、恐惧朋友,也恐惧仇敌;恐惧每一件事和每一个人。当恐惧被全然有效地清除,你的太阳就会闪光,阴霾将会消散,你就能找到力量、活力和生命的源头。

当你发现自己真的拥有了无限的力量时,当你通过实践证明了自己凭借思想的力量足以战胜任何的不利因素,从而自觉地认识到这种力量的时候,你就没什么可恐惧的了。到那时,恐惧将全然消退,你就享有了你与生俱来的权利。

正是我们头脑中对待生活的态度，决定着我们的生活境遇。如果我们一无所望，我们就将一无所有；如果我们冀望颇多，我们将得到更多。只有当我们不敢坚持自己的权利的时候，世界才会变得苛刻。只有那些不能为自己的思想争求容身之地的人，世界对他的发难才会冷酷无情。正是由于畏惧这种发难，才使得许多思想深埋在黑暗之中，不见天日。

但那些知道自己拥有一颗太阳的人，将无惧这种责难或其他任何别的东西；他们太忙于向外界辐射自己的勇气、信心和力量了；他们的心态期许着他们的成功；他们将把障碍砸得粉碎，并跨越恐惧摆放在他们前进道路上的怀疑和犹豫的鸿沟。

一旦认识到自己有能力自觉地向外界辐射健康、力量与和谐，我们也就认识到：没有什么可畏惧的，因为无限的力量与我们同在。

只有通过把这一知识付诸实际应用，才能

获得这样的认识。我们是通过"做"来学习的,运动员也是通过实践才变得健壮有力。

由于以下的论述至关重要,我将用不同的方式去表达,这样你们就不至于忽视它的意义。如果你有宗教倾向,我要告诉你,你可以让你的太阳发光;如果你对物质科学情有独钟,我要说,你可以唤醒你的太阳丛;或者,如果你更偏爱严格的科学阐释,我要告诉你,你可以让你的潜意识发挥功效。

我已经告诉过你,潜意识发挥功效的结果如何。你现在感兴趣的是途径所在。你已经认识到,潜意识是充满智慧和创造力的,它们会对显意识的意愿做出有力的回应。那么,要想让你的潜意识发挥出你所想要的功效,最简单的方法又是什么呢?那就是:在内心里关注你所向往的目标;当你真的集中内心的关注点,你就已经开始运用潜意识了。

这不是唯一的方法,但却是一个简单有效

的方法,是最直截了当的方法,因而也是能够获得最佳效果的方法。这种方法所产生的效果是如此非凡,以至于许多人甚至认为奇迹就是这样实现的。

每一位伟大的发明家、金融家、企业家和政治家都是凭借这种方法,才得以把那些微妙而不可见的渴望、信心和信念的力量,转化为客观世界中实际、有形、具体的事实。

潜意识是宇宙精神的一部分。宇宙精神是整个宇宙的创造原理。作为宇宙精神的部分,潜意识和宇宙精神的整体是相统一的。这意味着创造性能量是绝对无限的,它不受任何先例的约束,因而也就没有可以应用其建设性原理的先在范式。

我们知道,潜意识会对我们的显意识意愿做出响应,这意味着宇宙精神无限的创造性能量在人类个体的显意识的掌控之中。

在接下来的课程中,我们会把这一准则付

诸实践。此时我们最好记住，不必忙着概括潜意识借以实现你所想要结果的方法。无限的能力无须有限的能力告知它如何去做。你只需要简简单单地说出你所想要的，而不是你想如何去实现它。

你是宇宙的渠道，混沌一片的宇宙在你身上得以分化，这种分化是通过占有来实现的。你只需要为你想要的结果加上"因"的动力，就可以扬鞭驱驰了。这一结果，宇宙只能通过个体来实现，而个体也只能通过宇宙来实现——二者是合二为一的。

在本周的练习中，我要让你更进一步。我希望你不仅能够完全地静默下来，尽最大可能勒住思想的缰绳，而且要放松下来，让肌肉保持正常的状态。这将从精神当中驱逐出所有的压力，消弭那些将会导致肉体劳顿的紧张状态。

身体的放松是一个意志自主的练习,这个练习将对你大有裨益,因为它能令血液在周身畅通无阻地运行。

紧张会导致精神活动的反常变化和动荡不安;它产生忧虑、牵挂、恐惧和焦急。因此放松是绝对必要的,它可以使精神功能游刃有余地进行。

你要尽可能完全彻底地进行这一练习,从精神上做出决定:放松你的每一块肌肉和每一条神经,直到你感到宁静从容,与自身和世界相和谐为止。

此后,太阳丛就要开始运作了,其结果将会让你称奇不已。

要点问答

1. 显意识器官的神经系统是什么?

是大脑-脊椎神经系统。

2. 潜意识器官的神经系统是什么?

是交感神经系统。

3. 身体不断地产生能量,什么是这些能量分发的中枢?

是太阳丛。

4. 能量的分发是如何被干扰的?

能量的分发被抗拒、苛刻、混乱的想法所干扰,其中最严重的是恐惧。

5. 这种干扰的后果是什么?

干扰的后果是整个人类所遭遇的一切苦难。

6. 这种能量是如何被控制、引导的?

是被潜意识所控制、引导的。

7. 怎样能够彻底消灭恐惧?

这需要对于一切能量的真正来源有所领悟、认知。

8. 是什么决定了我们生活中的一切境遇?

是我们精神中占主导地位的态度决定的。

9. 怎样能够唤醒太阳丛?

集中精神,专注于我们渴望能够在生活中出现的境遇。

10. 宇宙的创造原理是什么?

创造原理是宇宙精神。

第四章　我要成为怎样的人，就能成为怎样的人

如果你不打算做一件事情，那就别开始；如果你开始了，即使天塌下来也要把它做成。如果你决定做某事，那就动手去做；不要受任何人、任何事的干扰。

现在我要传递给你们第四章的信息。这一章会告诉你们为何你的想法、做法和感受代表了你是一个怎样的人。

思想就是能量，能量就是思想，但由于世界所熟知的一切宗教、科学和哲学都是这能量的表现而不是能量本身，能量作为"因"就被忽视或误解了，世界仅仅囿于"果"的一隅。

因此,就有了宗教上的神与电,有了科学上的正与负,有了哲学上的善与恶。

"万能钥匙"则反其道而行之,它只关注"因"的一面,我所收到的学生们的来信让人叹为观止。这些信件表明,学生们正在关注那些能够使自己把握健康、和谐、富有以及其他对他们的福祉和快乐而言,必不可少的所有事物。

生命就是表达,和谐而富有建设性地表达自己,是我们的分内之事。悲伤、痛苦、不幸、疾病和穷困,并非必不可少,我们应该坚持不懈地消除它们。

然而,消除这些因素的过程,需要高于并超越种种限制。一个强化并净化了思想的人无须再担心细菌的侵扰,一个懂得了财富法则的人瞬时就能看到供给的水源。所以,厄运、幸运、在劫难逃之运,都将尽在掌握之中,如同船长驾驶他的船舰,又如火车司机开动火车一般容易。

你的"自我"并不是血肉之躯,身体只是"自我"用来执行任务的工具;"自我"也不可能是心智,因为心智又是"自我"用来思考、推理和谋划的另一个工具。

"自我"一定是某种能够控制并引导身体和心智的事物;一种能够决定身体和心智如何去做、怎样去做的事物。当你认识了"自我"的真实特质,你就将享受到以前从未感知过的充满力量的感觉。

你的人格是由数不清的个人特征、怪癖、习惯和性格特点所组成的。这些都是你以前思维方式的产物,它们和你的"自我"并没有真正的关联。

当你说"我认为"的时候,"自我"告诉心智应当怎样认为;当你说"我去"的时候,"自我"告诉身体应当去向何方。这个"自我"的真实本质是精神上的本质,这种本质才是真正的力量之源,当人们开始认识到其真实本质时,这种力量就会降临到他们身上。

"自我"被赋予的最伟大、最神奇的力量,就是思想的力量,然而极少有人知道什么是具有建设性的,或者是正确的思考,所以人们就得到了不同的结果。大多数人允准它们的思想停留在自私的层面,这正是幼稚的心智不可避免的结果。当人们的心智变得成熟时,就会懂得:失败的萌芽,就潜藏在每一个自私的想法之中。

受过训练的头脑会明白,做任何一宗事务,都必须让每一个与这宗事务相关联(不管以什么方式)的人能够从中受益,任何一种试图利用他人的软弱、无知或需求而让自己受益的举动,都将不可避免地致使自身受到损害。

这是因为个体是宇宙的一部分。同一个整

体的两个部分之间不能相互敌对,反之,每一个部分的幸福都建立在对整体利益认知的基础之上。

那些认识到这一原理的人,在生活中就拥有了巨大的优势。他们不会让自己精疲力竭。他们能够敏捷地消除一些游移不定的想法。他们能够轻而易举地在最大限度上把注意力集中到任何一个主题上。他们不会在无益的目标上浪费时间或金钱。

如果你做不到这些,说明你迄今为止还没有付出所需的努力。是时候了,努力吧!有一分耕耘,就有一分收获。为了增强你的意志、认识你的力量,你可以借用一句强有力的口号:"我要成为怎样的人,就能成为怎样的人。"

你每一次重复这句话,都应该清楚地知道这句话中的"我"是谁,是什么,试着去理解"自我"属性的真正内涵。如果你能做到,如果你的目标和意图是具有建设性的,并且与宇宙的创造原理和谐统一的话，你将无往而不胜。

如果你使用这句口号，那就经常不断地使用它，不管白天黑夜，只要你日间想起它，就重复一遍，持续这样做下去，直到它成为你生命的一部分，成为一种习惯。

如果不这样做，倒不如压根就不开始，因为现代心理学告诉我们，当我们开始做某事但不把它完成的话，或是做了某项决定却并不坚守的话，我们就形成了失败的习惯。彻头彻尾的、可耻的失败。如果你不打算做一件事情，那就别开始；如果你开始了，即便天塌下来也要把它做成。如果你决定做某事，那就动手去做，不要受任何人、任何事的干扰。你身上的"自我"已做出决定，事情已经板上钉钉，骰子已经掷出去了，没有讨价还价的余地。

如果你采纳这种意见，那就从最小的事情做起，从那些你能够掌控、能够不断努力的事情做起，但在任何情况下都不要容许你的"自我"被推翻,你将发现你最终能够战胜自己。要知道,许许多多的男男女女都曾悲哀地发现,战胜自己并不比战胜一个国家更容易。

当你学会战胜自己,你将发现你的"内在世界"征服了外在世界;你将攻无不克、战无不胜;人和事都会对你的每一个愿望做出回应,而你在这方面,却无须任何明显的努力。

这一情形的出现,并不是天方夜谭,只要你能记住:"内在世界"是由"自我"掌管的,而这个"自我"正是那个"无限之我"的一部分,这个"无限之我"即为宇宙精神或宇宙能量,人们通常把它叫作"上帝"。

这些并不仅仅是为了证明或建立某种观点而提出的一种陈述或者理论,而是一种被最优秀的宗教思想和科学理念接纳的事实。

赫伯特·斯彭德说:"在我们身边的所有奇迹中,最令人确信的是:我们一直身处万物由此而出的无限而永恒的能量之中。"

莱曼·艾博特在班戈神学研究院毕业典礼上的致辞中提到:"我们所要思考的上帝,是那个居住在人们内心之中的上帝,而非从外部操控人类的上帝。"

科学在探索的道路上前进了一小步,就止步不前了。科学发现了亘古常在的永恒能量,然而宗教却发现了潜藏在这能量背后的力量,并把它定位在人们的内心之中。但这绝不是什么新的发现。《圣经》中早已言之凿凿、语言平易简朴、令人信服地写道:"岂不知你们是神的殿,神的灵住在你们里头吗?"

这就是"内在世界"的神奇创造力的奥秘之所在。这就是力量的奥秘之所在,也是控制力的奥秘之所在。战胜一切并不意味着目中无物。克己忘我不能和成功画上等号。无所取,何以予?我们如果软弱无力,也就无法帮助他人。无限意味着永远不会破产,而我们作为无限能量的代言人,自然也不应以破产的面貌出现，如果我们希望对他人有所帮助，我们首先自己要拥有能量，多多益善。然而，欲有所取，必有所予，我们必须对他人有所帮助。

我们施予的越多，我们所得就越多。我们应当成为宇宙传递活力的渠道。宇宙处于不断寻求释放的永恒状态之中，处于帮助他人的永恒状态之中，所以它总是在寻求让自己能够最好地释放的渠道，这样才能做最多有益的事，能够给予人类最大的帮助。

如果你一直拘泥于自己的计划或人生目标，宇宙就无法通过你而有所作为。你要让所有的感觉安静下来，寻求内心的热望，把精力的焦点放在内心的世界中，与伟大的自然力相合为一，在这种认知中安居。"静水深流"。密切注视各种各样的机遇，找出万有能量所赋予你的精神通道。

把事件、场景和条件在头脑中生成画面——这些可能是精神通道助你生成的。要知道万物的精华，皆在于它的精神，精神是真实的存在，因为它就是生命的全部；当精神离去的时候，生命也就消逝了，熄灭了，不复存在了。

这些精神活动是属于内在世界的，属于"因"的世界，而一切环境和景况，都是由内在世界产生的，它们是"果"。正因为此，你就是创造者。这便是极其重要的劳作。你所能构想的理念越高贵、越崇高、越宏伟，这项工作也就变得越重大。

过度劳动、过度玩耍或者过度的身体活动，不管何种性质，都会产生精神倦怠，使其停滞不前，这样就无法再进行一些更重要的实现意识力量的工作了。所以我们应当经常寻求适时的"寂静"。力量是通过休息得以恢复的，在"寂静"中我们才可得以安宁，当我们安宁下来，我们才能思考，而思考正是一切成就的奥秘。

思考是一种运动形式，遵循着与光波或电波一样的共振原理。它遵循爱的定律，激情赋予它振动的活力；它的成形与释放都遵循增长规律；它是自我的产物，同时也是神圣的、精神的、创造性本质的产物。

很显然，为了释放能量、财富或实现其他具有创造性的意图，首先必须唤醒心中的激情，激情则可以让思考成形。那么，如何实现这一目的呢？这一点非常关键。我们究竟应该怎样做，来发展能够使我们有所成就的信念、勇气与知觉呢？

答案是：通过锻炼。精神力量的获得同身体力量的获得一样，是通过锻炼达到的。我们思考一件事情，可能在头一次非常困难，当我们第二次思考同样的问题时，就变得容易多了；当我们反反复复一遍又一遍地思考的时候，就成了一种精神习惯。我们持续思考同一件事情，到最后这种思考就变成自发性的了，我们会情不自禁地思考这件事情，直至我们对所思所想持积极的态度，再没有什么疑问了。对此，我们确信，我们深知。

上周我对你说要学习放松,学习身体的放松。本周我要让你学习精神的放松。如果你上周做了我布置的练习,按照说明去做,每天十五分钟到二十分钟,毫无疑问,你一定能做到身体上的放松了。任何还不能有意识地迅速而完全放松下来的人,还不能算是自己的主人。他尚未获得自由;他仍然受到外在条件的奴役。但我现在假定你已经熟练掌握了上周的练习,可以进行下一步了,也就是精神放松。

这一周,还是采取往日的姿势,完全彻底的放松,除去一切的紧张,然后让精神中一切的不利因素离你而去,比如憎恨、愤怒、焦虑、嫉妒、艳羡、悲痛、烦忧、失望……诸如此类。
你可能会说,你很难让这些东西全部离你

而去，但你能做到的。只要你精神上下定决心、自觉主动地坚持下去，你就一定能做到。

有些人确实做不到，其原因就在于他们完全被自己的感情而不是智慧所左右。而那些被自己的智慧所引导的人将赢得胜利。你可能在第一次尝试的时候没有成功，但是，你会越做越好，不管是做这件事情，还是做其他事情。不仅如此，你还一定要坚持下去，驱除、消灭、彻底摧毁心中一切的消极负面的想法。因为这些想法是你心中持续不断地产生各种笔墨可以形容或无法形容的不和谐状况的种子。

> 我们心中的思想同外在世界息息相关，这是最真实不过的事情。这是绝无例外的法则。正是这一法则，正是这种观念与其客体之间的关联，使人们相信特殊天意的存在，从远古直到今日。
>
> ——威尔曼

要点问答

1. 什么是思想?

思想就是精神能量。

2. 思想如何运行?

思想遵循共振原理运行。

3. 思想如何获取活力?

它遵循爱的定律,激情赋予它活力。

4. 思想如何成形?

它的成形遵循增长规律。

5. 创造性能力的秘密是什么?

创造性能力是精神的活动。

6. 我们如何开发那些能够使我们有所成就的勇气、信念和激情?

通过认识我们的精神本质。

7. 能力来源的秘密是什么?

源于对他人的帮助。

8. 为什么是这样呢?

因为有所予才能有所取。

9. 什么是寂静?

寂静是身体的安宁。

10. 安宁的价值何在?

安宁是控制自我、主宰自我的第一步。

第五章　自己创造想要的一切

我们付出的越多,得到的就越多。一个想要让身体更加强壮的运动员会花费更多的力气去锻炼,他越是苦练,就越是强健。一个希望财富不断累积的金融家,首先必须抛掷大量的金钱,因为只有使用这些钱财,钱财才能给他带来回报。

现在开讲第五章。仔细研读这一章后,你会发现,任何一件但凡能想得到的力量、物体或事实,都是心智在行为中发生作用的结果。

心智在行为中发生作用,就产生了思想。思想是具有创造力的。当今的人们所思所想与过去的时代已然大相径庭。因此，这是一个具有创造力的时代，世界正在把丰厚的奖赏给予那些思想者。

物质是无力、消极而无生命的。精神是强大有力、充满能量的。精神塑造并掌控着物质。任何一件成形的物质都不过是先在思想的表达。

然而，思想并不是魔法师。它的运作遵循着自然法则；它为自然能力提供推动力；它释放自然能量。思想在你的一切所作所为中体现出来，这一切又会在你的朋友和相识的人中间发生作用，最终影响你的整个生存环境。

你能够创造思想，不仅如此，因为创造性思想的缘故，你还可以为自己创造你想要的一切。

我们的精神生活，至少有百分之九十属于潜意识，因此对于那些不懂得利用这种精神能量的人来说，他们的生命就受到了很大的局限。

潜意识能够并且必将为我们解决各种问题，只要我们知道如何引导它。潜意识过程总是处在工作状态。唯一的问题是，我们仅仅是单纯、被动地接受这种行为过程，还是应该有意识地引导它运作？我们是应该预见命运的未来，避免将至的危险，还是顺其自然，放任自流？

我们知道，精神渗透到肉体的各个角落，很容易被引导或受影响，而引导或影响的指令可能会来自客体，或是来自在心智中占主导地位的态度观念。

渗透到身体中的精神，在很大程度上是遗传的结果，反过来，这种遗传又是世世代代的人们所遭遇的一切境遇作用于能做出反应、永不停息的生命力量的结果。理解了这样的事实，使得我们在发现自身正显露出令人不快的性格特点时，能够让我们的权威力量派上用场。

我们可以有意识地发扬我们与生俱来的令人满意的性格特点，同时，也可以拒绝、压制令人不满的性格特点的显露。

至此，渗透在我们体内的精神意念就不再仅仅是遗传趋势的结果了，而是家庭、事业和社会环境的结果，在这些情境中有成千上万的观念、意见和思想影响着我们，有数不清的事件给我们留下印记。其中，有很多是来自他人，来自他人的意见、建议或陈述；也有很多来自我们自身的思考，但这一切被接受的时候，几乎没有经过检查或考虑。

这种看法听起来有一定的道理：我们的意识接纳了这一切，把它们传递到潜意识中，继而这些又被交感神经系统吸纳，传递到我们肉身的成长中。这就是所谓的"道成肉身"。

这就是我们一直以来创造、再生我们自身的方式。今日的我是昔日之我思考的产物,而明日的我也将按照今天我的思考方式塑造自身。这就是引力法则在我们身上的应验,它带给我们的,不是我们喜欢的、我们想要的,抑或别人所有的,而是把我们的"自身"奉送给我们。我们的"自身",是我们思想的产物,不管是有意还是无意。然而很不幸,我们中的大多数人都只是在无意之中创造自身。

我们中的任何人,当想要为自己建造住房的时候,是何等的小心谨慎、缜密筹划;是怎样地关注每一个细节;如何鉴察所用的材料,拣选上好的物品。然而,当我们为自己建造精神家园的时候,却是何等的漫不经心。要知道,精神家园的重要性远远超过物质家园,因为,有可能成为我们生命的一部分的每一件事物,都取决于我们用以建造精神家园的材料的品质如何。

什么是材料的品质呢？我们知道，它是我们在过往中积聚并储存在潜意识心理中的一切印象的结果。如果这些印象是恐惧、烦恼、忧愁、焦虑，如果它们是负面的、消极的、怀疑的，那么，我们今日所用来建造精神家园所用的材料，其质地也同样是负面的。这种精神家园不但没有任何价值，反而会使我们的生活腐烂发霉，带给我们更多的撕心裂肺、忧愁苦恨。我们只好永远忙于修修补补，好让它看上去至少还像模像样。

然而，如果我们存储的是勇敢的思想，如果我们一直乐观开朗、积极向上，迅速扬弃刚刚露头的负面想法，拒绝与它发生任何关联，拒绝以任何方式与它同流合污、沉瀣一气……那么，结果会如何呢？我们的精神材料就是上上之选；我们就能够用它们创造一切我们想要的材质；我们可以选择我们想要的色彩；我们的精神家园安然稳固,永不褪色;我们对未来毫无恐惧、焦虑;没有什么漏洞需要我们去劳神费力地修补。

这些思维过程,从心理学的层面上看都是事实,没有理论或猜测的成分,也没有什么奥秘可言。事实上,这些道理如此简单,以至于每个人都能理解。我们所要做的就是清扫我们的精神家园,日日更新,保持房屋整洁。精神、道德和肉体的清洁对我们的进步而言,绝对是不可或缺的。

一旦我们完成了精神房屋的清洁工作,我们就可以用剩余的材料打造那些我们渴望实现的理想或精神愿景。

有一处良田美地等待我们去认领。宽阔的田园、茂盛的庄稼、奔腾的流水和上好的木材,一望无垠,直至我们目之所及。有一座华屋广厦等待我们接收,内有珍贵的图画、丰富的藏书、华贵的幔帐,极尽奢华舒适。财产继承人所要做的一切，就是大胆主张自己的继承权，占有并使用这些财产。他必须使用，不能让家园荒芜。这是能够让他拥有这些财产的唯一条件，使之荒废无用将视为自动放弃所有权。

在心灵和精神的领域，在实际能量的领域中，你的确拥有这样一处房产。你就是继承人！你可以主张自己的继承权，占有并使用这份丰厚的遗产。掌控环境的力量，就是它的产出之一；健康、和谐、兴旺，就是资产负债表中的净资产。它赐予你安详与和谐。你所要付出的不过是收获的汗水。不需要献祭，你失去的只有你的局限、软弱和被奴役的状态。它为你披戴自尊的锦袍，把权杖放在你的手中。

要想得到这笔不动产，有三个步骤是必不可少的：你必须真诚地渴望它；你必须主张你的权力；你必须占有它。

你得承认，这些条件并不苛刻。

你们一定对遗传学非常熟悉。达尔文、赫

胥黎、海克尔及其他生物学家搜集了如山的证据，说明在进化演变中，遗传法则占主导地位。正是进化中的遗传，使人类得以直立行走，赋予人以运动能力、消化器官、血液循环、神经系统、肌肉力量、骨骼结构等许多身体的机能。还有另外一些更让人吃惊的事实，就是精神能力的遗传。这一切加起来叫作人类遗传。

有一种遗传是生物学家们未曾包罗在内的。这种遗传比他们的研究更加深奥，他们跟不上它的步伐。他们在无望中举起双臂，认为自己无法解释亲眼所见的一切，因此，对于这种非凡的遗传，他们的态度总是处于摇摆不定的状态。

在创世之初，一种仁慈的能力昭告了创造的起源。它从上帝那里跃身而下，直接进入每一个被创造的生命存在中。生命由它而生，这些是那些生物学家们从未做到，也永远做不到的。它在一切至高的力量中耸然屹立，无物可以企及。没有任何人类遗传可以达到它的高度；

没有任何人类遗传可以与它并驾齐驱。

这种无限的生命在你的体内流淌。这种无限的生命就是你。它的大门就是你的各种感官意识。敞开这扇大门,就找到了力量的秘诀。这难道不值得你花费一小会儿工夫吗?

有一个很重要的事实是这样的:一切生命和一切能量都是由内在世界而生。环境、人与事可能会告诉你眼前的机遇和需求,然而能够对这一切需求做出响应的洞察力、力量与能力,却只能在内心中找到。

你们要谨防一切的赝品。你们要为你们的意识建造坚实的基础,识别那些由永恒的源头而来的力量,也就是宇宙精神,你们是按照它的形象和样式而造的。

那些获得了这份遗产的人,必将获得新生。他们拥有了从前不敢想的力量感。他们不再怯懦、软弱、犹豫、恐惧。他们与全能者紧密相连。一些崭新的东西在他们的心底被激发了。

他们蓦然间发现自己拥有了巨大的潜能,这在从前是想都不敢想的。

这种力量是由内而生的,但我们只有付出这种力量,才能获得它。使用它是我们占有这份遗产的唯一条件。我们每个人都是全能的宇宙力量在形态上分化的渠道。我们要是不让这些能量流淌出去,管道就堵塞了,我们也就无法获得新的能量。这在生活的每一个层面、在每一次努力中、在生命的每一段路程中,都是实实在在的。我们付出的越多,得到的越多。一个想要让身体更加强壮的运动员会花费更多的力气去锻炼,他越是苦练,得到的越多。一个希望财富不断累积的金融家,首先必须抛掷大量的金钱,因为只有使用这些钱财,钱财才能给他带来回报。

商人如果不卖出他的商品,就得不到利润;公司如果不提供高效的服务,就会失去主顾;律师不提供有效的辩护,就会缺少客户。所以说，天下之大，其理攸同。你自身已经拥有的能量，如果不加使用，就和没有没什么两样。这道理存在于所有奋斗领域、任何生命经历中，也存在于精神能量的领域中——要知道人类一切其他的力量都是来源于精神能量。如果没有了精神，还能剩下什么呢？只会是一无所有。

如果精神就是全部的全部，那么对这一事实的认可，必定依赖于展示所有力量（无论是精神的、心灵的，还是物质的）的能力。

一切财富都是心灵力量累积的结果，是金钱意识的结果。这就是那柄神奇的魔杖，它能使你能够接受理念、为你安排切实可行的计划。你在执行计划的过程中所得到的快乐，与你在收获与成就的满足感中所得到的不相上下。

> 现在，进入你的内室，还是坐在那个座位上，保持和从前同样的姿势，让心神安歇在一个舒适甜美的所在。描绘一幅完

美的精神图景——建筑、大地、树木、朋友、交往……一切圆满的事物。刚开始,你会发现你想到了太阳底下的一切事物,就是找不到自己渴望专注其中的理想愿景。但别灰心,坚持就是胜利,这种坚持需要你天天做这些练习,不能间断。

要点问答

1. 潜意识在我们的精神生活占多大比例？

至少占百分之九十。

2. 大多数情况下，精神储藏中的这一巨额储备被充分利用了吗？

没有。

3. 为什么没有被充分利用呢？

因为很少有人明白或重视这个事实，即他们完全可以有意识地引导精神行为。

4. 显意识接收的倾向性调控指令源自何处？

遗传——这意味着它是过往一代代人所经历的一切环境的结果。

5. 引力法则给我们带来什么呢？

我们的"自身"。

6. 什么是"自身"呢？

"自身"是我们天性的我,是我们过去一切所思所想的结果——无论是在显意识中,还是在潜意识中。

7. 我们用以构筑我们精神家园的物质材料是什么?

是我们所接受的思想观念。

8. 力量的奥秘何在?

在于认识全能威力的无所不在。

9. 力量是如何产生的?

一切生命和一切力量都源自内心。

10. 或有力量来源于何处?如何获得?

或有力量来源于对我们对已有力量的恰当使用。

第六章　盯住目标，全神贯注

思想的能量就是如此。如果思维闲散、神游太虚，能量无法集中，就不会有任何成就。但通过全神贯注，把意念集中于一个目标上，假以时日，任何事情都是可能的。

很荣幸开讲第六章。这一部分将使你很好地理解自你降生人世以来最奇妙的一种机制，一种能够让你为自己创造健康、勇气、成功、财富以及一切你想要达到的境况的机制。"需要"让你谋求，"谋求"创造行动，"行动"导致结果。这一演变的过程将永远建设着与今天完全不同的明天。个人的发展如同宇宙的进化，它是一个循序渐进的过程,其中伴随着不断增长的能力和容量。

我们都知道,如果我们侵犯了他人的权利,我们就成为道德的绊脚石,在路途中会不断受到缠累。这一道理给我们的启发是,成功应该伴随着最为崇高的道德理念——"为最多的人谋求最大的利益"。

心中永恒的梦想、坚定的渴望及和谐的关系会帮助你实现目标。成功最大的障碍是错误的、固执的理念。

要与永恒的真理合拍,我们就必须保持内在的平衡与和谐。想要获得智慧,接收者必须同传递者步调一致。

思想是心智的产物,心智是具有创造力的,但这不意味着宇宙会改变它的操作方式来适应我们,而是意味着我们能够同宇宙保持和谐良好的关系,当我们能够做到这一点时,才有资格索求那些我们应得的一切,出现在我们前方的将会是康庄大道。

宇宙精神如此奇妙，深不可测，它能产生无穷无尽的结果，带来无限的实用性能量和诸多可能。

我们知道，心灵不仅仅是精神智慧，也是物质存在。那么，精神形态是如何分化的呢？我们又如何获取我们渴求的结果呢？

如果向电学家请教什么是电的功效，他会告诉你："电是一种运动的形式，它的功效取决于它的运动方式。"由于运动方式的不同，电的功效也不同，因此我们有了光、热、电力、音乐等证明电力供我们驱使的种种奇迹。

思想能够产生什么结果呢？答案是：思想是精神的运动（就如风是空气的运动一样），思想的结果完全取决于思维机制。

这就是一切精神能量的奥秘之所在。它完

全取决于我们的思维机制。

什么是思维机制呢?你应该知道一些电学奇人,如爱迪生、贝尔、马可尼等人发明的机制,他们打破了时间、空间、地点的限制,使之不过成为谈笑间的数字而已。而你可曾想过,那发明宇宙无所不在的潜在力量的发明家,远比爱迪生更为高明,他把这种机制赐予了你,让你有能力改造整个宇宙。

无论我们使用哪种园艺器械,我们都习惯性地查看这种器械的机械原理,以便耕作;如果我们要开动汽车,我们首先要明白汽车的操作规程。然而,我们中绝大多数的人,却无视自己对有史以来最伟大的生命机制的无知,这种机制就是人的大脑。

让我们检验一下这种机制的奇迹。尽管结果千变万化,但它形成的原因无非是同一种机制,让我们来更好地领悟这种机制吧。

首先,有一个宏大的精神世界,我们在其

中生活、运动、存在。精神世界是无所不知、无所不能、无所不在的。它随时对我们的渴望做出回应,它的回应与我们的信念和目的成正比。我们的目的应该与我们的存在法则相和谐,也就是说,这种信念应该是建设性、创造性的。这种信念应该强大到足以产生一股充足的力量去实现我们的目标。"你的信念如何,你的力量也必如何。"这句话经得起科学的验证。

外在世界产生的效力,是个人与宇宙之间作用与反作用的结果。这就是我们所说的思维过程。大脑是完成思维活动的器官。想想这其中的伟大奇妙之处吧!你喜爱音乐、文学、花朵吗?你的心灵是否会与那些古代的、近现代的天才发生共鸣?请记住:在你获得所有的美的感悟之前,你的大脑中已经有了一个能够与之沟通的轮廓。

在自然界的宝库中,没有任何一种美德或原则是大脑所不能释放的。大脑是一个胚胎结构的世界，它在任何需要的时候都能够发展成形。如果你相信这是一个科学真理，是自然界中最为奇妙的法则之一，你就一定能够领悟那种创造各种成就的机制。

神经系统与电路相似，它有一个细胞蓄电池，这是能量产生的地方。神经纤维就像绝缘电线，电流在其中传递。所有的冲动和渴望正是通过这种渠道在这一体系中运行。

脊髓是巨能发电机，也是感官渠道，大脑发布和接收的信息通过它来传递。还有，脉搏跳动，血管里流淌着所需的血液，不断更新我们的能量和气力。最后，是我们美丽、细腻的肌肤，用美丽的躯壳覆盖着整个身体机制：我们全部身心有一个多么完美的架构！

这就是"永生之神的殿"，而个体的"我"可以掌管这殿，一切成就都取决于他对于在自己掌控之下的这种机制的领悟。

每一个想法，都赋予脑细胞以推动力。刚

开始，脑细胞中的相应物质会拒绝对这种想法做出回应，但如果这一想法足够精确、足够集中，这种物质最终会屈服，并且非常完美地释放、表现出来。

心灵的这种影响力能够作用于身体的任何部位，可以消除一切不受欢迎的效果。

如果你的心灵能够很好地理解领悟掌控精神世界的法则，那么它在商业行为中将有着难以估量的价值，它能提高你的洞察力，使更好地理解问题，做出更加完美的判断。

那些关注内在世界而不是外在世界的人，在对这种全能力量的使用上永远不会被绊倒，而这将最终决定他生命的旅程，使他的生命与世间最为美好、最为坚固、最令人向往的一切发生共振。

在精神文明的发展过程中，全神贯注、集中意念可能是至关重要的一个环节。如果适当地集中精神意念，会产生难以置信的结果，尤其是对于那些尚未窥见门径的人来说。培养意念集中的能力是每一个成功人士必备的特质，也是一个人所能获得的至高成就。

如果把全神贯注的能量比作放大镜，那么理解就容易得多了，它可以聚焦太阳的光线。如果把放大镜晃来晃去，光柱不断地移动，这时的放大镜没有任何能量。但如果让它静止下来，让光线集中于一点，停一段时间，马上就可以看到奇妙的效应。

思想的能量也是如此。如果思维闲散、神游太虚，能量无法集中，就不会有任何成就。但全神贯注、把意念集中于一个目标，假以时日，任何事情都是可能的。

这是一个化繁为简的药方，有些人可能会这样说。不错，尝试一下吧，你们这些不知全神贯注在某个确定的目标或目的为何物的人！选择一件事物，把注意力集中在某一个目标，你肯定做不到。你会不下数十次地走神，然后才回到起初的目标所在,每一次的效力都会丧失,十分钟过去,什么收获也没有,因为你根本做不到把思想集中在这个目标上。

然而,通过意念集中,你一定会战胜前进和攀升过程中的任何困难,而获取这种奇妙能力的唯一途径就是实践——熟能生巧,不光这件事情这样,任何事情都是如此。

为了培养全神贯注的能力,取一张照片,然后再回到以前那个房间,用同样的姿势坐在那个座位上。仔细观察这张照片,至少要十分钟,注意眼神,面部特征,衣着装扮,发型样式等。也就是说,注意照片上的每一个细节。然后,盖住这张照片,闭上眼睛,试着用心灵观看这张照片,如果你能够把每一个细节看得非常清楚,在脑海中出现了这张照片非常清晰的图景,那么就要恭喜你了。如果不能,那就重复这个过程,直到成功为止。

这个步骤只不过是在松土。下一周我们将学习如何播种。

通过这样的练习,你一定能学会控制心灵的情绪、态度和意识。

大金融家们都学习过避世退隐的生活,以便远离人群的喧嚣,花更多的时间进行思考和计划,并培养出正确的心态。

成功的商业人士不断证明着这样的道理:与其他成功的商业人士的所思所想保持着联系,定会得到可观的回报。

一个金点子可能会价值连城,而这些点子只会出现在那些善于接纳的心灵中;那些随时随地做好准备的心灵中;那些具有一个良好模式的心灵中。

人们开始学习与宇宙精神保持和谐,他们在学习与万物保持一致。他们在学习思维的基本法则和原理,而这些正改变着环境,结出多倍的硕果。

他们发现,环境、境遇随精神进步和心灵成长而变化。他们知道,认识伴随着成长,激情伴随着行动,洞察力伴随着机遇。一切总是源自心灵,继而才是无边际、无止境的进步。

个人不过是宇宙分化的渠道,因此进步的可能性必然是无穷无尽的。

思想是汲取精神能量的过程,一定要牢牢记住这一点,直至它成为我们日常意识的一部分。本书所阐述的方法,就是让你通过坚持不懈地实践一些基本的原理,从而做到这一点,这正是能够打开宇宙真理宝库的万能钥匙。

人生一切苦难无非有两种:肉身病痛与精神焦虑。这些往往可以溯源到某些违背自然法则的行为。这种违背,毫无疑问,是由迄今为止的知识局限性造成的。然而,过往年代中积聚的阴云即将散去,随之消逝的是由于信息不完备而导致的种种悲苦境遇。

  人可以改变自己,提高自己,重塑自己,掌控环境,把握命运——但凡能够清楚意识到正确的思维方式在建设性行动中起到何样作用的人,都能得出如上的结论。

——拉森

要点问答

1. 电力能创造的效果有哪些?

有热、光、能量、音乐。

2. 这些各种各样的效果的产生取决于什么?

取决于电力被使用的机制。

3. 人的精神和宇宙之间相互作用和反作用的结果是什么?

结果就是我们所遭遇的一切情境。

4. 这些情境怎样才能改变?

通过改变在形态上分化宇宙的机制。

5. 这个机制是什么?

大脑。

6. 它如何被改变?

通过我们称为"思维"的过程。思想产生大脑细胞,这些脑细胞与宇宙中相应的精神做出反应。

7. 集中精力的能力何在?

这是人类所能达到的一个非常伟大的成就,也是每个成功的人——无论男女——所具备的非常显著的特点。

8. 如何能做到这一点呢?

这需要切实地进行"万能钥匙体系"中的训练。

9. 为什么这一点如此重要?

因为这将使我们能够掌控自己的思想,而思想是因,境遇是果,如果我们能够控制成因,也自然能够把握结果。

10. 客观世界的境况何以发生不断的变化?成效为何不断累积?

因为人们开始学习建设性思考的基本方法。

第七章 打开"上帝"的锦囊

设想一幅精神图景,让它清晰、完美、明确。牢牢地把握它,方法和手段就会随之而来。你将受到指引,在正确的时间,用正确的方式,去做正确的事情。你所做的一切,都受到"引力法则"的左右:多者益多,损者益损。

世世代代的人们都相信某种不可见的力量,万物都是借助并通过这种力量被创造出来,并且不断循环再生。

我们把这种力量人格化,称之为上帝,或者认为它是一种本体或精神,充满万物,但不论是哪一种情况,结果都是一样的。

就个体所涉及的范围而言,客体、物质、可见之物,都是有形实体,可以通过感官来认知。感官由身体、大脑和神经组成。而主观事物则是精神的、不可见的、非实体的。

人的形体是有意识的,因为它是有形的实体。而非实体,尽管与一切实体有着相同的属性,但却不能意识到自身的存在,因此被称为"潜意识"。人的形体或者说显意识,拥有意志力和选择能力,因此可以在能够解决困难问题的种种方法中进行鉴别甄选。而非实体,或者说精神,它是一切力量的起源或源泉的一部分,必然无法进行这样的选择,相反,它可以让"无限"的资源受自己的支配。它能够并且的确是借助人类心智所想象不到的方法来实现目的。

因此,你有权做出选择——是依靠人类谬误百出、有限可怜的意志呢,还是利用潜意识来开发无限的潜能。接下来的一章就是对这种神奇力量的科学阐述，只要你有一颗理解、赞赏并认同的心，这种神奇的力量就会尽在你的掌握之中。

本章将简略阐述自觉地利用这种无所不能的能量的方法之一。

视觉化就是创造精神图景的过程，这种精神图景就是一种担当范式的模型，你的未来将会从这一范式中脱颖而出。

设法让精神图景变得清晰美好，不要畏缩，设想一个宏大的图景。请记住，除了你自己，没有任何人能限制你。成本或材料也不会对你形成限制。你从无限中汲取能量，在想象中构建它。要想让它在其他地方实现，必须先让它在你的精神图景中成形。

让这幅图景清晰透亮、轮廓鲜明，让它在你的心中生根，你就必将逐步地、不断地使它与你的距离日近一日。你能成为"你想要成为的人"。

这是又一个非常著名的心理学事实，但是很不幸，仅仅是知道这样一个事实对你的心灵毫无帮助，甚至全然无益于描画你的心灵图景，更不必说实现它了。工作中必不可少的——劳作，艰辛的精神劳作，而我们很少有人愿意付出这样的努力。

第一步是"理想化"。这同样是最重要的一步，因为无论你要建造什么，你总是在计划的基础上建造。理想必须坚定，必须持久。当建筑师计划建筑一个30层的高楼时，他预先在心中描画好了每一个线条和细节。当工程师计划挖一个深渠时，他首先要确定成千上万个不同部分所需要的力。

他们每走一步都看到了最终的结果。在脑

海中描画你想要的事物也是如此。你在播种，但是在播撒任何种子以前，你一定要知道将来要收获什么。这就是理想化的过程。如果你不能确定，那么，回到你的座位上，日夜思考，直到这幅画卷清晰明了为止。它将一步步展开。首先是一个非常模糊的总体规划，但是已经成形，轮廓已经出现，继而是细节，然后你的能力会一步步地增长，直到你能够详细阐述你的计划，最终在客观的物质世界中实现。你将会明白，未来为你准备了什么。

下一个步骤是"视觉化"的过程。你应该看到一个越来越完备的画面，你能够看到细节，当细节在你面前展开，随之而来的是实现它的方法和步骤。一环扣一环。思想引发行动，行动产生方法，方法带来朋友，而朋友会改变你的境遇。到最后，第三步——也就是"物质化"——将会大功告成。

我们都知道，宇宙在成为实体之前，必定

已经在理念中成形。如果我们愿意沿着这条伟大的宇宙建筑师的道路前行,我们将会发现,我们的思想成形与宇宙的物质成形颇有相似之处。通过个体运转的精神与宇宙精神是同一的。在种类和性质上都无差别,唯一的差异只不过是程度不同而已。

建筑师视觉化他的建筑,他的脑海中的建筑就是他所希望的样子。他的思想是一个可塑的模具,整个建筑最终就是从这个模具中诞生的。不管是高楼华厦还是低矮平房,是美轮美奂还是平淡朴素,他的想象必定首先落实在纸面上,最终才会利用必需的物质材料,构建一座完整的建筑。

发明家以同样的方式将自己的理念视觉化。比如,有史以来最伟大的发明家之一尼古拉泰斯拉,他拥有神奇的天赋,创造了最令人啧啧称奇的神话。他在实际创造之前,常常是先把这种发明在头脑中视觉化。他不急于在形式上把它们具体化，然后再耗时费力地去改正缺陷。他首先在想象中逐步建立起理念，使它成为一幅精神图画，然后在脑海中重组、改进。他在《电学实验者》中写道："用这种方式，我得以迅速提高并完善一种想法，而不需要碰任何物件。当我前行到这种地步——设计出我所能想到的所有改进方式，看不出任何纰漏——的时候，我才让头脑中的产物具体成形。我设计制作的产品最终总是与我所设想的一模一样，20年来无一例外。"

你可以有意识地循着这一方向前进。你将发展出信念，这种信念就是"所望之事的实底，未见之事的确据。"[①]你将发展出自信，这是一种带来毅力和勇气的自信；你将发展出集中意念的力量，它使你能够排除一切杂念，把思想集中在与目标相联系的一切事物上。

---

① 语出《新约·希伯来书》第11章第1节。——译者注

有一条这样的规律：思想能够在形态上表现出来，只有那些知道如何成为一个非凡的思想者的人，才能够取得大师的地位，说话有权威。

只有不断地在头脑中重复这个图景，它才能够变得清晰无误。每一次重复的过程都会使图像比先前更加清晰明确，而图像清晰准确的程度与它在外在世界中的展示成正比。你必须在你的心灵、也就是在内在世界中牢牢地把握它，直到它在外在世界中成形。即便是在精神世界中，要想构造出有价值的产物也需要合适的材料。当你有了材料以后才能构建你想要的任何东西，但要确保材料的品质。你不可能用再生绒纺织出上好的呢料。

这种材料将由数百万名默默劳作的精神建筑工人运送过来，使之铸成你心灵中的精神图景。

想想看！你拥有数以亿计的精神建筑工，他们做好了准备，时刻待命。他们的名字就是脑细胞。除此之外，还有至少是同等数量的预备力量，他们也在随时待命，哪怕是出于最微不足道的需要。你的思考能力无边无际，这意味着你的实践能力也无边无际，足以让你创造出一切你自己渴望拥有的外部环境。

除了大脑中的这些精神建筑工人之外，你的体内其他部分也有数以亿万计的精神建筑工，他们每一位都有足够的智慧去领悟并作用于所接收到的信息或建议。这些细胞不停地创造并重塑着身体，而除此之外，他们还能够进行一种精神活动，把进一步完善所需要的物质聚拢到自己身边。

各种形态的生命为自己的成长聚拢所需物质的行为遵循同样的法则、采取同样的方式。橡树、玫瑰、百合，它们的完美表达都需要一定的物质材料，而它们仅仅是默默无语的需求，就获得了引力法则的允准。因此，如果你想要最完善地发展自身，这也正是你获得所需材料的最可靠的途径。

设想一幅精神图景,让它清晰、完美、明确。牢牢地把握它,方法和手段会随之而来。供应紧接着需求。你将受到指引,在正确的时间,用正确的方式,去做正确的事情。真诚的愿望将带来自信的预期,而这些反过来又会由于坚定的渴求而进一步增强。这三者必将带来成就的辉煌,因为内心的愿望是感觉,自信的预期是想法,而坚定的渴求是意志,正如我们所知道的那样,感觉为想法赋予活力,而意志使之坚定不移,直至"生长法则"使愿景成为现实。

人的内心之中,拥有这样巨大的力量、这样超自然的能力,而他自己对此却懵然无知,这难道不令人惊叹吗?总有人教导我们从"外在世界"中寻求力量和能力,这不是很荒谬吗?他们教我们从内心以外的各个角落寻找力量,而这种力量一旦从我们的生命中彰显出来,他们又会告诉我们,这是超自然的神话。

有许多人认识到了这种神奇的力量,认真努力地去获取健康、力量及其他外部条件,但似乎没有成功。他们似乎没有能力让这一法则很好地运行。在这些情况下,几乎所有的困难都是因为他们在和"外部"打交道。他们希望得到金钱、权力、健康、富足,却不知道这些都是"果",只有当我们找到"因"的时候,"果"才会水到渠成。

那些不把目光专注于外部世界的人,他们只想寻求真理,只要寻求智慧,而智慧就赐予他们,力量的源泉就会向他们敞开,他们会发现智慧在他们的想法和目标中展现出来,最终为他们创造出自己所渴望的外在境遇。这一真理,表现在高贵的目标和勇敢的行动中。

别去想外部环境,让我们仅仅设想蓝图,让我们的内在世界美丽丰饶,外在世界自然会表达、彰显你在内心拥有的状态。你将认识到你创造理想的力量,而这些理想,最终将会投射在客观世界的结果中。

比如,一个人债务缠身。他就会不停地想着他的债务,全神贯注在这些债务上,这些想法带来的结果是:他不仅把债务与自己拴得更紧,而且实际上也招致了更多的债务。他也在应用引力法则,应用的结果司空见惯、不可避免——"损者益损"。

那么,正确的原则是什么呢?答案是:关注你想要的东西,而不是你不想要的东西。去想富足的境况,去认识应用富裕法则的方法和计划。把富裕法则所能创造的景况视觉化,这将使你实现富裕。

如果说,对于那些常常怀抱着匮乏、恐惧的想法的人来说,引力法则必将带来穷困潦倒、匮乏短缺等境况,那么,同一法则对于那些在胸怀勇气和力量的人来说,也必将带来富裕丰饶的境况。

这对很多人来说实在是非常困难。我们太

过于忧虑,我们表现出来的也是忧虑、恐惧、悲愁;我们想要做一些事情;我们需要帮助;我们像是一个孩子种下了一颗种子,每隔15分钟都要跑去看一看,松松土,看看它是不是在长大。毫无疑问,在这种情况下,种子永远别想发芽生长,而这正是许许多多的人在自己的精神世界中所做的事情。

我们必须种下种子,让它不受干扰地成长。这并不意味着我们抱手躺卧、无所事事,绝不是。我们要比以前做更多更好的工作,新的大门将为我们敞开,新的渠道将不断出现。我们所需进行的一切,就是有一颗开放的心灵,应运而生、应时而动。

记住:思想是火焰,它创造出蒸汽,推动财富的车轮,你在生活中遭遇的所有经历,都取决于此。

问你自己几个问题,并虔诚地等候内心的回答:你是不是时常感觉到自我与你同在?你是否能够坚持这个自我,抑或是像大多数人一样随波逐流?记住,大多数永远是被引导,他们从不引导。当蒸汽机、动力织布机以及其他每一次技术进步和改良措施被提出来的时候,螳臂当车、激烈反对的,正是这个大多数。

你本周的练习是,把你的一位朋友在你的脑海中视觉化,直到你的头脑中清楚地出现他的形象,完全像你最近一次看到他时那样。看那屋子、家具,重复你们对话的场景;看他的面庞,仔细清楚地观察;然后就某个有共同感兴趣的话题和他进行交谈;观看他的表情变化,看他的微笑。你能做到吗?好的,你没问题。然后激起他的兴趣,告诉他一次历险的经历,看他的眼神中闪烁着的兴奋开心的光芒。你能做到这些吗?如果可以,那么你的想象力很棒,你正在取得了不起的进步。

要点问答

1. 什么是视觉化?

视觉化就是形成精神图景的过程。

2. 这种思维方式会产生什么样的结果?

如果你在内心描述一幅图画或景象,你就能够逐渐地并实实在在地把你这件事情向自己拉近。我们也能够成为我们想要成为的样子。

3. 什么是理想化?

理想化是计划视觉化或是设想的过程,它最终会在客观物质世界中实现。

4. 为什么理想化或视觉化中的清晰度或准确度非常重要?

因为"视觉"创造出"感觉","感觉"创造出"存在"。首先是精神上的,继而是情绪上的,最后是实现的无限可能性。

5. 如何实现这种清晰度呢?

每一次重复会使得这幅图景比前一幅更清晰、更准确。

6. 如何获取建设精神图景的原材料呢?

这些是由成千上万个精神工人完成的。这些工人的名字是脑细胞。

7. 如何获取使你的理想在客观物质世界中实现的种种必要条件?

这是通过引力法则实现的。一切境遇或经历的发生都遵循这条自然法则。

8. 把这条法则付诸实践有哪三个步骤?

真诚的渴望、自信的预期、执着的追求。

9. 为什么许多人失败了?

因为他们把关注点放在了损失、疾患和灾难上。引力法则运行不息。他们恐惧什么,什么就会降临在他们头上。

10. 何以取舍?

专注于你渴望生活中实现的理想。

第八章　思想决定行动

　　思想导致行动。如果思想是和谐的、具有建设性的,那么结果一定是美好的;如果思想是破坏性的、嘈杂不堪的,结果一定是不幸的。

　　在本章中你将会学习到:你可以自由地选择你思考的内容,然而想法的结果却总是服从一条铁的定律!这是不是很神奇?难道不是一件让人称奇的事情吗?——我们知道生活并非受制于各种飘忽不定的偶然性,而是符合规律的。这种稳定的状态就是我们的机遇,因为只要遵从这个定律我们就可以准确无误地获得想要的结果。正是这个规律使宇宙成为和谐欢乐的颂歌。如果没有了这个规律,那么宇宙就是一片空虚混沌,而不是朗朗乾坤了。

这就是善恶之源的奥秘,过去、未来的一切幸与不幸,皆在于此。

因此,只有一个规律、一个原则、一个总因、一个"力量之源",幸与不幸,不过是用来描述行为结果的词语而已,或者说,用以说明我们对这一规律是遵从,抑或违逆。

这一点的重要性从爱默生和卡莱尔的生活经历可见一斑。爱默生热爱一切好东西,他的一生就是一首宁静而和谐的交响乐;而卡莱尔憎恨一切坏东西,他的一生便是一部永远嘈杂不宁的记录。

这两位伟人,他们都下定决心要实现同一个理想,但一个利用了建设性的思想,因此与自然法则和谐一致;而另一位却接纳了破坏性的思想,因此给自己带来了无尽的烦躁不宁。

因此很显然,我们不应憎恨任何事物,即便是"坏"事,因为恨是极具破坏性的,我们很快就会发现,抱持破坏性的思想就好比播下"风"的种子,收获的将是"飓风"。

思想包含了一个至关重要的原则,因为它是宇宙的创造原则,就其本性而言,它总会与其他类似的思想结合到一起。

因为生命的目标之一就是生长,一切存在其下的原则一定是朝着实现这个目标的方向努力。因此,思想得以成形,生长法则最终必定让它彰显出来。

你可以自由选择你的所思所想,但是你的想法产生的结果却必然遵从一条铁的定律。一切持之以恒的想法一定会在个人的性格、健康和外在环境中产生某种结果。因此,寻找到一种方法,能够使建设性的思维习惯取代那些给我们带来不利效应的思维习惯,这一点就显得极其重要了。

我们都知道,要做到这一点很不容易。精神习惯很难掌控,但这还是能够做到的,方法就是,从现在开始,让那些建设性的思想取代那些破坏性的思想。形成分析任何一种想法的习惯。看看这些想法是不是必要,其客观结果是否有益(不光是对你自己,还包括对身边所有受到影响的人),如果答案是肯定的,那么,保留它,珍视它。这种想法是有价值的,是与"无限"步调一致的,它能够生长、发展,结出丰硕的果实。另外,你最好能够记住乔治·马修·亚当斯所说的话:"学会关上你的大门,不要让任何不能给你的未来带来明显的益处,而又试图获准进入的东西进入你的心灵、你的工作、你的世界。"

如果你的想法是批评性的或破坏性的,在

任何条件下都只能招致混乱与不和谐,那么对你来说,就很有必要培养一种有助于建设性思维的心态了。

想象力在这一方面大有帮助。想象力的培养,有助于引发理想,而你的未来就是从这样的理想中浮现出来的。

如果你的未来像一件衣服,想象力能够起到积聚原材料的作用,那么你的心灵则能把材料编织成衣裳。

想象力是光,这道光为我们照亮了一个崭新的思想和经历的世界。

想象力是一个强有力的工具,所有探险家、发明家,都是借助这一工具,开辟了从先例到经验的通途。"先例"说:"这不可能做成。""经验"说:"它已经做成了。"

想象力是一种可塑的能力,它把感知到的事物塑造成新的形态和理念。

想象力是思想的建设性形态,一切建设性

的行为，都有想象力作为先导。

建筑工人如果不从建筑师那里获取建筑的蓝图，他就什么也建造不出，而建筑师的蓝图则出自想象力。

企业主如果不在他的想象中预想整个工作计划，他就无法建造一个拥有上百家小公司、数千名员工、上百万元资金的大公司集团。物质世界中的事物就如陶工手中的泥。真正的事物是由伟大的思想创造的，而这工作的完成又是借助想象力的运用。为了培养想象力，做一些练习是有必要的。精神的臂力与身体的肌腱一样，都需要锻炼加强。它需要营养，否则无法成长。

不要混淆想象力和幻想，或是把它和很多人爱做的白日梦等同起来。白日梦是一种精神的挥霍浪费行为，它将导致精神上的疾患。

建设性的想象力意味着精神劳动，有人甚至认为这是最为艰辛的劳动，但是，就算如此，它的回报也是最为丰厚的。因为生命中一切最美好的事物都赐给了那些有能力思考、想象,并使自己梦想成真的人。

如果你完全意识到这样的事实——心灵是唯一的创造原理,精神无所不能、无所不知、无所不在,你可以有意识地运用思想的能量,与这样的全能者保持和谐一致,那么你就能够在正确的前进道路上向前迈进一大步。

下一步,就是要把自己放置在一个能够接收这种能量的位置上。因为这种能量无处不在,它一定就在你的内心之中。我们知道,这是因为我们懂得一切能量都是由内而生,但这种能量需要培养、提高和发展。为了做到这些,我们必须有一颗乐于接纳的心灵,这种接纳性也是需要经过训练的,就像锻炼身体一样。

引力法则必然准确无误地按照你的习惯、性格以及占主导地位的精神状态,在生活的景况、境遇、经历等方面回馈于你,可不是按照你在教堂中的一小会儿沉思,或是你读一本好书时的状态回报你。真正起作用的是在你心中占主导地位的精神状态。

如果你一天10个小时沉浸在软弱、憎恨、负面的想法中,不可能指望仅凭10分钟强大、积极、创造性的想法,就能带来美好、强大、和谐的状态。

真正的力量来自内心。人人都能使用的所有力量,都是人的内在力量,只不过在等待你通过第一次认识它从而让它变得可见,然后主张对它的所有权,并把它注入你的意识中,直到你与它合二为一。

人们都说希望自己长寿,很多人把这理解成——多多锻炼、科学呼吸、用健康的方式食用健康的食品,每天多喝温度适宜的白开水,不喝饮料,就能延长寿命。通过这种方法得到的结果实在是微不足道。不过,当人们醒悟到这一事实,并敢于肯定自己同一切"生命"的合一，他就会发现自己变得耳聪目明，腿脚便捷，浑身洋溢着青春的活力，发现自己找到了一切能量的源泉。

一切错误都是由无知所导致的。知识的获得带来能力的增长，这是成长和进步的决定性因素。知识的获取和证实是能量的组成部分，这种能量是精神能量，这种精神能量是潜在于一切事物核心的能量。它是宇宙的灵魂。

知识是人类思想的结果。因此，思想是人类意识进化的种子。如果人类的思想停止进步，理想不再提升，他的能力就开始瓦解。相由心生，他的面容也将随之改变，以记载这些变化的情况。

成功人士把实现理想作为自己的奋斗目标。他们总是把为理想奋斗的下一步存记在心。思想是他们的建设所用的材料，而想象力就是他们的精神工作室。心灵是他们用来把握周边环境和人物的永不停息的动力，他们用这样的心灵去筑造成功的阶梯，而想象力正是一切伟大事物诞生的母体。

如果你忠实于自己的理想，当环境适合于实现你的计划时，你将听到心底发出的召唤，结果将与你对理想的忠实度严格成正比。坚定不移的理想，为成功准备并吸引着必要的条件。

因此，你可以把精神与能量的华服编织到整个生活的网罗中。因此，你能够过上充满快乐的生活，免除一切患难。因此，你自己可以产生积极向上的能力，将富足与和谐吸引到你的身边。

这就是渗透一切普遍意识中的因素，也是随处可见的波动和不安的主要原因。

在上一章中，你学会了创造精神图景，以及如何使这幅图景由不可见到可见。这一周我要让你们拿一件物品，追本溯源，看看它到底是什么。这将有助于培养你的想象力、洞察力、感知力与敏锐度。这个不能依靠多数人的肤浅观察得来,而必须透过事物的表面,用分析的态度细致观察。

只有少数人知道,他们所见的一切都只不过是结果,而又知道形成这些结果的原因。

  仍然像先前那样坐好,想象一艘战舰:看这个巨大的怪物漂浮在水面,其中看不到任何生命,一切都是静默的。你也已知道战舰的大部分是在水面以下的,是你看不到的。你知道这艘船就如一座21层摩天大楼一般高大,你知道数百人准备出发,执行命令,你知道船体的每一部分都由能干的、训练有素、技巧娴熟的军官驾驭着,他们通过驾驭这艘巨大的船体来证明自己的胜任度。你知道它尽管看起来已经被万物遗忘,但它的眼目观测着周边几英里[①]内的每一件事

[①] 1英里约等于1.6千米。

物，任何东西都逃不出它的视野范围。你知道尽管它看起来默默无语、顺从听命、无咎无知，却能发射数千磅的炮弹，重创几英里①外的敌军。这许许多多你不费力气就能联想到。然而，这艘战舰是如何来到现在的地点，在开始之时又是如何诞生的呢？如果你是个细心的观察者，所有这一切，你都会想知道。

想想铸造机械厂的钢板，有上千人参与它的生产过程。再退后一步，看看从矿山提取的铁矿石，它们被运上货车或汽车，然后熔化、锻造。让思维引领你去追溯为什么他们计划建造一艘大船。你知道你的思想现在已经回归到战舰无形无物、无法触摸的形态中，它仅仅存在于工程师的脑海中，而建造这艘巨轮的指令发自何处

---

① 1英里约等于1.6千米。

呢？也许是发自国防部部长的命令。但更有可能的是，自战争开端以来战舰就被设想出来了，国会通过了拨款提案。也许有反对票，也有支持或否定这个提案的演讲。这些国会议员代表哪些人呢？他们代表你和我，所以，我们的思想轨迹起始于这艘战舰，终结于我们自己。我们会发现，在分析的最后一层，我们自身的思想总是对这个问题或其他很多问题负责，而这些正是我们常常忽视的。进一步的思索会让我们明白一切事件中最重要的事实，那就是：如果没人发现如何使这个钢筋铁骨的庞然大物能够在水面上行驶而不至于沉下去的规律，这艘战舰就根本不会诞生。

这条规律是："任何物质的比重，都是其单位体积重量与同等体积的水的重量之比。"这条规律的发现,彻底改变了所有种类的航海、商业与战争,使战舰、航空母舰、巡航舰的出现成为可能。

你会发现这些练习的价值无法估量。当我们的思想能够看穿事物的表象,一切就都与先前截然不同了,琐碎卑微的变得意义深远,了然无趣的变得趣味无穷,一些我们曾经认为毫无用处的事情将成为生命中至关重要的存在。

> 注目于今日,
> 因为生命在于今日,
> 生命中真正的生命。
> 在今日短暂的历程中,
> 埋藏着生命全部的真理和现实。
> 今日是成长的祝福,
> 今日是行动的颂歌;
> 今日是美丽的荣光;

因为昨日不过是梦境；
而明日仅仅是幻景；
但是对于美好今日的把握
将使每一个昨日成为幸福的梦境；
使每一个明日成为希望的幻景。
所以，好好关注今日吧！

——梵文经书

要点问答

1.想象力是什么?

想象力是建设性思想的一种。是我们用以洞察思想和经历的新领域的照明灯。是所有发明家或探索者开路冲锋的强有力的武器。

2.运用想象的结果是什么?

播种想象,将使你得以大展宏图、开拓未来。

3.如何播种想象呢?

通过训练,想象力的成长离不开充足的养分。

4.想象力和白日梦有什么区别?

白日梦是精神涣散的表现,而想象力是建设性思维的一种,它必须伴随着建设性的行动。

5.错误是什么?

错误是无知的结果。

6. 知识是什么?

知识是人进行思考的能力。

7. 成功人士运用何种能力攀折成功的桂冠?

他们运用的是心智;心智是保证他们把握他人和外部环境以帮助他们完成蓝图的原动力。

8. 是什么预定了结果?

是理想。心中坚定不移的理想能够带来实现理想的必要条件。

9. 敏锐地分析观察的结果是什么?

想象力的开发、洞察力的深入、感知力的增强与睿智的增长。

10. 这些将带来怎样的结果?

富裕与和谐。

第九章　首先改变自己

用勇气、能力、自强、自信的念头，取代那些无助、畏怯、匮乏、有限的想法。积极的想法必将摧毁消极的念头，就如白昼驱散黑暗一样肯定。所有的成功，都是通过把意念恒久地集中于看得见的目标而实现的。

在这一章中，你会学到制作工具，它们能够用来创造一切你渴望的条件。

如果你想要改造环境，那么你首先要改变自己。你的奇思妙想、你的雄心壮志、你的愿望、期盼或许会步步受阻，然而你内心深处的想法完全可以找到表达的方式，如同植物的种子发芽长叶一般自然。

那么,假设我们想要改变环境,如何改变它呢?回答很简单:根据生长规律。在思想的隐秘领域中,就像在物质世界中一样,因果关系都是绝对的、不偏不倚的。

常常想到你所渴望的境遇。要坚定不移地相信,如同它是一个已然实现的愿景。这里强调了坚定信念的价值。不断地重复,会使它成为我们自身的一部分。我们就这样改变了自己,就这样把我们自己改造成向往中的样子。

性格不是一件偶然的东西,而是持续努力的结果。如果你懦弱胆怯、优柔寡断、害羞内向,抑或是由于恐惧即将到来的危险而过度紧张、焦虑烦躁,请记住这个不言自明的真理:"在同一个时间、同一个地方,两种不同的东西不能共存。"在精神和心理世界中,这一点也是绝对无误的。所以,医治的良方非常简单,用勇气、能力、自强、自信的念头，取代那些无助、畏怯、匮乏、有限的想法。

要做到这一步，最简单、最常用的办法就是：针对你的特别情况下一个断言：积极的想法必将摧毁消极的念头，就如白昼驱散黑暗一样肯定，结果会是百分之百奏效。

行动是思想盛开的鲜花，境遇是行动的结果。所以，你总是拥有各种肯定会不可避免地造就你或者毁灭你的工具，而得到的回馈，要么是欢乐，要么是痛苦。

"外在世界"中或许只有三件事物值得追寻，而每一件都可以在"内在世界"中找到。找到它们的秘诀非常简单，就是找到一种合适的"机制"，与全能的宇宙力量相联系，要知道，每个人都和这全能的力量相通。

所有人共同渴望的三件事——也是人类个体最高层次的表达、最全面的完善——爱、健康与财富。每个人都承认健康是绝对重要的，如果肉体痛苦，又岂能高兴得起来呢？并不是每个人都会这么爽快地承认，财富是必不可少的，但所有人都必定会承认，充足的供应至少是必要的，而一个人认为是充足的供应，对于另一个人来说可能是绝对的、不堪忍受的匮乏。但是大自然的供应宝库，就不仅仅是充足了，而是极其丰富、阔绰、豪奢，我们应该认识到，一切的匮乏或局限，都只不过是人为的分配方法所造成的局限而已。

几乎每个人都承认，爱是第三件重要的事情，或许有人会说，"爱"对于人类幸福来说是头等重要的大事。无论如何，那些拥有这三者——健康、财富与爱——的人，他们的"幸福之杯"已完全满溢，再也加不进别的东西了。

我们发现，宇宙物质等同于"全部健康""全部财富"和"全部的爱"，而我们能够用来和这无限相联系的机制就是我们的思维方式。因此，正确的思维将带领你进入"伟人的圣殿"。

我们应该想些什么呢？如果我们知道这个问题的答案，我们就能够找到与"我们渴望的一切事物"相联系的机制了。这种机制，当我把它告诉你们的时候，看上去似乎非常简单，但你要继续往下读。你会发现，它实际上就是"万能钥匙"，如果你高兴的话，也可以叫它"阿拉丁神灯"。你会发现，它就是一切善行（它意味着福祉）的基础、必要条件和绝对法则。

只要有正确、合理的思维，我们就一定能够发现"真理"。真理是所有事业和社会交往中的潜在法则。真理是每一次正确举动的先决条件。认识真理，自信而且肯定，就可以获得真正的满足，这是一切其他事情都无法比拟的。在这个充斥着怀疑、冲突和危险的世界中，它是唯一一块坚实的地面。

认识真理，就是与"无限"和"全能"的力量和谐相处。因此，认识真理就是使自己与战无不胜的力量相连，它可以席卷各种各样的嘈杂与混乱、怀疑与谬误，因为"真理是强有力的，可以战胜一切。"

哪怕是最缺少智慧的人，都可以对一件基于真理之上的行动结果进行预测。反之，即便是最睿智的人，哪怕他学识渊博、明察秋毫，如果他的希望是建立在错误的前提之上的话，他也会绝望地迷失方向，对接下来的结果无法形成概念。

所有不能与真理保持和谐的行为，无论是出自有心还是无意，将导致混乱不安，最终招致的损失,取决于这次行为的程度和特性。

那我们到底应该如何认识真理,以维持与无限相联系的机制呢?

如果我们能认识到:真理是宇宙精神的至关重要的原则并且无所不在,那么我们就不会在这一点上犯错了。举个例子来说,如果你需要健康,你只需要认识到这样的事实:你内在的"自我"是具有精神属性的,而所有的精神都是合一的:部分在哪里,整体也在哪里。这将带给你健康的身体状况,因为体内的每一个细胞都将彰显你所认识的真理。如果你看到的是疾病,它们彰显的也是疾病;如果你看到的是完善,它们彰显的也是完善。大胆宣称"我完整、完美、强大、有力、热爱、和谐而幸福",将给你带来和谐的境遇。这是因为,这样的宣称是与真理严格一致的,当真理彰显出来,一切的谬误和混乱都将消失。

你知道"自我"是属于精神的,那么它必然总是绝对完美的,因此,"我完整、完美、强大、有力、热爱、和谐而幸福"的宣称,绝对是科学的陈述。

思想是精神的活动,而精神是创造性的,因此,把这一点谨记在心,现实的景况就会与你的思想保持和谐一致。

如果你需要"财富",那么只要你认识到,你内在的"自我"与宇宙精神合一,而宇宙精神就是全部的财富,它无所不在,这种认识将帮助你实现并运行引力法则,使你与那些能够使你走向成功的能量发生共振,并给你带来与你宣称的目标绝对一致的能力与财富。

视觉化是你需要实施的机制。视觉化和观看是两个完全不同的过程。观看是肉身的、物质的,因此是与客观世界、也就是"外在世界"相联系的,而视觉化是想象力的产物,因此也是主观世界、即"内在世界"的产物。因此，它拥有生命力，它能够成长起来。被视觉化的事物一定会在外部形态上显明。这个机制是完美的。它是由那位"做什么都好"的建筑大师所创造的。但是很不幸，有时候它的操作者并不熟练、效率低下，但通过练习、下定决心，就一定能克服这个弱点。

如果你需要爱，那么请认识到得到爱的唯一方式是施予爱，你施予得越多，得到的也就越多，而你能够施予的唯一方式，是让你自己充满爱，直到你成为爱的磁石。其中的方法将在另一课中阐述。

那些把最伟大的精神真理与生命中的细微之处相联系的人，已经找到了解决所有问题的秘密。一个人越是接近伟大的理念、伟大的事业、伟大的自然物、伟大的人，他就越会受到鼓舞，思想就越发深邃。据说，每一个接近林肯的人,都会产生一种高山仰止的感觉,尤其是当人意识到他肩负着永恒真理的重任之时,这种感觉就来得越发强烈。

有时候,听取某些践履这些原则以进行检验的人、某些在自己的生活中验证了这些原则的人的建议,是一种激励。弗里德里克·安德鲁斯在一封信里提出了下面的洞见:

> 在我大约13岁的时候,T.W.马瑟医生(他后来过世了),他对我母亲说:"不,没有机会了,安德鲁斯太太。我也是这样失去我的小儿子的,我为他付出了全部可能的力量。我特别研究过这种疾病,我知道他确实没有好起来的希望了。"
>
> 我的母亲对他说:"医生,如果他是您自己的孩子,你会怎样做?"医生回答说:"我会一直战斗、战斗,只要孩子一息尚

存,我就要战斗下去。"

这是一场持久消耗战的开端,不断地来回往复,所有的医生都认为没有治愈的希望,然而他们还是尽最大可能地鼓励、安慰我们。

但最终胜利是属于我们的,我从一个弱小、萎缩、畸形、跛脚、只能用手和膝盖在地上爬行的孩子,长成了一个强壮、挺拔、健康的人。

现在,我知道你们一定很想知道其中的原理,我将尽可能简单明确地告诉你们。

我为自己树立了一个信念,其中充满了我最需要的能力,一遍遍地对自己说:"我完整、完美、强大、有力、热爱、和谐而幸福。"我抱持着这个看法,翻来覆去、从不改变,我夜间醒来,发现自己口中喃喃自语:"我完整、完美、强大、有力、热爱、和谐而幸福。"这是我每日早上醒来所说的第一句话,也是每天夜里睡前所说的最后一句话。

我不仅把这句话告诉自己,也告诉在我看来每一位需要这句话的人。我想要强调这一点,如果你自己需要什么,也敢于在别人面前肯定地宣布它,它将使你们同时受益。我们种的是什么,收的也是什么。如果我们付出了爱与健康的想法,它也一定会照此回报我们;但如果我们付出的是恐惧、忧愁、嫉妒、愤怒、憎恨等的想法,那么在我们生活之中也一定会看到恶果。

据说,人每隔7年就会全部更新一次,而当今又有一些科学家指出,事实上我们每隔11个月整个人体都会重塑一次。所以，我们只有11个月的年龄。如果我们年复一年地把缺陷植入我们的身体，那可就怪不得别人了，只能从我们自己身上找原因。

人是自身思想的总和。那么，问题是，我们如何摒弃一切糟糕的念头，抱持好的想法呢？刚开始可能我们不能阻止坏念头的侵入，但我们可以不去理会它。唯一拒绝它的方式就是忘却。这意味着，找一些东西替代它。那句准备好了的宣言，现在就可以派上用场了。

当愤怒、嫉妒、恐惧、焦虑等想法偷偷摸摸地潜入时，开始运用你的宣言吧。只有光明可以战胜黑暗——只有温暖可以战胜寒冷——只有善可以战胜恶。拿我自己来说，消极悲观的想法没有任何帮助。肯定一切光明美好的事物，邪恶一定会自行引退。

如果你需要什么,你最好能够运用这句宣言。这实在是一句极其完美的话。运用它,照着它去做。把它带入你静默的灵魂深处,直至它沉浸到你的潜意识中,这样你就可以随时随地运用它了——不管是在汽车上、办公室里,还是在家中。这就是精神方法的优势所在,它们就近在咫尺。精神是无处不在、唾手可得的。唯一需要做的,就是认识它的无所不能,并心甘情愿地领受它的善意。

如果我们精神中的主要倾向是力量、勇气、宽厚和同情,我们就会发现周边的环境自然为我们摒弃了与我们思想不符的景况,成为我们心灵状态的映射。相反,如果我们心灵的倾向是软弱、嫉妒、破坏、毁灭,那么环境也一定会照此折射出来。

思想是因,境遇是果。这就是善恶起源的说法之一。思想是创造性的,它将自动与客体相关联。这是一个宇宙哲学法则(宇宙法则),这就是引力法则,也是因果法则。对这个法则的认知和运用,将决定着一切的开端和结局。这就是世世代代的人们在祈祷中获得力量的法则。

  这一周我们要视觉化的是一株植物。取一朵鲜花,一朵你最喜欢的鲜花,让它由不可见到可见,种下那颗小小的种子,给它浇水、悉心照料它,把它放在能够让阳光直射到的地方,看那个种子抽出嫩芽。现在,它是一个生命了,是一个活着的、开始获取生存物质的生命。看它的根,正在向泥土中延伸;看它的芽,正在向上下伸展;不要忘了那些生命的细胞,它们不断地分解、再分解,不久就增长到上百万个,而每一个细胞都充满智慧,知道自己想要得到什么,并知道如何获取它们。看,它发绿长叶,向上向前生长,看它的枝丫是怎样的完美匀称,看它的叶子如何长成,看它如何抽出小小的茎秆,上面擎着含苞未放的花骨朵儿。正当你观看的时候,花蕾舒展了,绽放了,你喜爱的花儿出现在你眼前。现在,有意识地集中注意力,你将闻到一股清香;是微风吹拂过花儿——你视觉化的创造物——带来的芳香。

当你能够让你的视野变得清晰明朗,你就能够进入到一件事物的灵魂深处。它对于你来说异常真实。你将要学会的是心神的集中,而不管你的意念是集中在健康、理想上,还是一朵鲜花、一个棘手的商业方案或是人生的其他种种问题上，其中的过程总是一样的。

所有的成功，都是通过把意念恒久地集中于看得见的目标而实现的。

思想意味着生活，因为那些从来不思考的人，从更高的层面或者说是真正的意义上而言，从来也没有真正地活过。思想创造了人。

——A.B. 奥尔特科

要点问答

1. 一切幸福的必要条件是什么?

必要条件是善行义举。

2. 每一件正确举动的先决条件是什么?

先决条件是正确的思考。

3. 在一切商业活动或社会交往中,什么是前提条件?

前提条件是认识真理。

4. 认识真理的结果是什么?

如果行为基于正确的前提,我们就能够很容易地预测出这种行为的结果。

5. 如果行为基于错误的前提,会导致什么样的结果呢?

我们就无法预知随后可能出现的结果。

6. 我们如何认识真理呢?

我们应该认识这样一个事实，真理是宇宙至关重要的总则，因此无所不在。

7. 真理的属性是什么？

它是精神的而不是物质的。

8. 解决各种问题的秘诀是什么？

秘诀是运用精神真理。

9. 精神方法的优势何在？

它们总是唾手可得。

10. 做到这些的必要条件有哪些？

认识精神力量的无所不能；渴望成为精神力量的慈善行动受益人。

第十章 凡有果,必有因

凡夫俗子不理解事件的因果,他们只想到要改变自己的作为。如果他经商失败了,他会埋怨运气不好。如果他讨厌音乐,他就说音乐是一种消费不起的奢侈品。如果他缺乏朋友,他会说没有人懂得欣赏他敏感的心灵。

如果你能完全领会第十章中的内涵,就会懂得任何事件的发生都有一个明确的原因。你将学会根据精确的事实制订计划。你在任何情况下都能通过把握事件的原因来控制局面。当你如你所愿也赢得了胜利,你就会懂得你为什么会胜利。

凡夫俗子不理解事件的因果，他们被自己的感受和情绪所控制。他们只想到要改变自己的作为。如果他经商失败了，他会埋怨运气不好。如果他讨厌音乐，他就说音乐是一种消费不起的奢侈品。如果他是一个可怜的办公室小职员，他会说如果他从事某种室外工作的话会干得更漂亮。如果他缺乏朋友，他会说没有人懂得欣赏他敏感的心灵。

他从来都不去全面地考虑问题。一言以蔽之，他不懂得一切结果都是由某个特定的原因造成的，而是用许多借口和理由来安慰自己。他所能想到的只有消极的自卫。

相反，一个明白"凡有果，会有因"的道理的人，就会不偏不倚地思考问题。他知其然亦知其所以然。他就能轻松自由地跟随真理的脚步。他能看透每一个问题，并能充分恰当地做好自己应该做到的事。他收获到的将是这个世界真情无私的回馈,无论是友情、爱情,还是荣誉、赞许。

宇宙的自然法则之一就是富裕充足。这条法则证据确凿,在各个方面都是如此。大自然无时无处不是慷慨、大方、豪奢的。在一切造物上都毫不吝惜。大自然的丰盈充裕在万物中彰显出来。千万百万的树木与花儿,动物、植物和浩大的繁殖体系,创造与再生永恒地进行着。这一切,无处不证实着大自然为人类准备了丰富豪奢的供应。很明显,对于每个人,堂皇优裕的大门都敞开着。同样明显的是,许多人却走不进这个堂皇的大门。他们还不能认识一切财富的普遍存在性,也不知道精神是使我们与渴望的事物相联系的活动原理。

一切财富都是力量的产物。财产只有当它

能赋予力量时才具有价值。事件的发生只有当它对力量发挥作用时才显得重要。一切事物都在不同程度上代表了不同形态的力量。

因果论的知识在电力法则、化学亲和力法则和地心引力法则中表现出来,这种知识使人类得以勇敢无畏地制订、执行他们的计划。这些法则叫作自然法则。因为物质世界是按照这些法则运行的。但并不是一切的能量都是物质能量。精神能量同样存在,心理和心灵上的能量同样存在。

精神能量比物质能量更加优越,因为它在一个更高的层面上存在。它使人得以发现、了解那些驱使大自然神奇力量的规律,使得大自然听命于人,替代了成百上千人的劳作。它使人类得以发现那些跨越时空的规律,那些战胜地心引力的规律。这些规律的运行取决于精神联系,亨利·德拉蒙德说得很好:

正如我们所知道的，物质世界分为有机物和无机物。矿物世界是无机物的世界，它和动植物世界完全隔绝，往来的通道被打上了封印。这些障碍无法跨越。物质无法改变，环境无法改造，没有化学，也没有电，没有任何形式的能量，也没有任何种类的变革可以为矿物世界的一个小小原子打上生命的烙印。

只有，当一些生命的形式屈身来到这一片死寂的世界时，这些没有生机的原子才被赋予了生命的属性。如果不与生命发生联系，矿物的世界就永远只能停留在无机的层面。赫胥黎说过，生源论（即生命只能来自生命）的信条放诸四海而皆准，丁铎尔也不得不宣布："我承认，没有一丝一缕的确凿证据，可以证明我们今天所能见到的生命是与更早的生命毫不相关的。"

物理规律可以解释无机物的世界,生物学可以诠释有机体的进化,但是一到了生命和非生命之间联系的问题上,科学只能静默不言。自然世界和精神世界中同样有一个类似的通道,这个通道在自然界的一端被贴上了封条。大门紧锁着,没有人能够开启它,没有有机体的改变,没有精神能量,没有心灵力量,没有任何种类的进步,能够使人类进入精神世界的领域。

然而,如同植物深入到矿物世界当中,用生命的神秘触摸这个世界,宇宙精神也是这样屈身来至人间,赋予人类新奇、陌生、美好、甚至是奇妙的力量。一切在工商业或是艺术领域中曾经有过业绩的男人或女人,都是通过这种联系取得了成就。

思想让无限与有限之间保持联系,让个体与宇宙之间保持联系。我们知道在无机物和有机物之间有一个无法跨越的鸿沟,只有当生命渗入,物质的宝库才能开启。当种子把根须深入到矿物质世界中,不断张开、延展,那些死寂的物质才开始有了生机,数千个看不见的手指开始为这个新来的客人编织合适的环境。生长规律在这时发生了作用,我们看到这个过程持续着,直至这"百合花"长成,甚至在"所罗门极荣华的时候,那他所穿戴的,还不如这花一朵呢。"[①]

当一颗思想的种子渗透到宇宙精神不可见的诞育万物的财富宝库中,生根发芽,生长规律就开始生效,我们知道,一切环境和境遇都是我们思想的客观形式。

思想是动态能量的重要活动形式,它能够

---

① 语出《新约·马太福音》第6章和《路迦福音》第12章。——译者注

与客体相联系,并使生命能量从不可见的状态中走出来,要知道一切可见的客观世界中的物体都是出自不可见的能量的创造。一切事物都是通过这种规律显明的。这就是能够让你进入"至高者的圣殿"和"统治万物"的"万能钥匙",领悟了这一法则,你就能够做到——无论什么,只要你"你定意要做何事,必然给你成就。"[1]

这一点毫无例外。如果宇宙的灵魂如我们所知道的那样,就是宇宙精神,那么整个宇宙不过是宇宙精神为自己创造的环境而已。我们不过是个体化了的宇宙精神,用完全相同的方式创造着我们的生存环境。

这种创造性的力量,取决于对潜在精神力量或心灵力量的认知,一定不要把它与进化混为一谈。创造力能够使客观世界从无到有。而进化不

---

[1] 语出《旧约·约伯记》第22章。——译者注

过是把万物中已然存在的种种可能层层展开。

在通过运行这一法则来实现种种奇妙可能的同时,我们必须记住:我们自己并不能做什么,正如那位伟大的传道者所言:"不是我在做什么,乃是住在我里面的人做他自己的事。"① 我们也应该采取同样的态度。我们的力量对于这种力量的彰显实在是无济于事,我们只不过是遵从这个规律,而使一切发生的则是那诞育万物的精神。

近来有一个极大的谬误,就是认为人类可以创造智慧,从而使"无限"的力量凭借这种智慧达到某个特定的结果或目的。这完全没有必要,宇宙精神值得信赖,它能够寻找到实现一切需要的途径。而我们要做的就是创造我们的理想,而这理想必须是完美无缺的。

我们知道电力法则是这样的——我们可以

---

① 语出《新约·约翰福音》第12章。——译者注

掌控并运用这种看不见的力量,使它通过成千上万种方式为我们的幸福和舒适服务。我们知道信息在全世界传递,庞大的机器按我们的命令工作,电照亮了我们的整个世界。但我们也同样知道,如果我们有意或无意地违反了电的规律,在未曾绝缘的情况下触碰了火线,那结果就十分不幸甚至是惨烈了。同样,如果不了解统治不可见的精神世界的法则,会招致同样的后果。而对于许许多多的人来说,他们的苦难正是由此而来。

有人把因果关系法则解释成极性原理,两极之间必须由电路连通。如果我们做不到与精神世界的法则保持和谐一致,这个线路就无法接通。如果我们不了解这个法则是什么,怎么能与这个法则保持一致呢?我们如何认识这个法则呢?只有通过学习,通过观察。

我们看到这个法则在各处运行。大自然的一切,在生长法则中不断彰显自己,证明这一规律运行无阻。凡是有生长的地方,就一定有生命;凡是有生命的地方,就一定有和谐。因此,所有有生命的物质都在不断为自己谋取充足的供应和合适的环境,以便尽可能完美地表达自己。

如果你的思想与自然的创造性准则保持和谐,那么就会与"无限精神"步调一致了,这就形成了电路,它不会让你空手而归。但是,你很有可能有些想法与"无限能量"并不和谐,这时电路的两极就没有了,电路中断了。那么,结果会怎样呢?如果一个发电机正在发着电,而电路切断了,那么这电如何流布出去呢?于是发电机只好停止运转。

你身上也存在同样的道理,如果你的想法与"无限"并不一致,不能形成宇宙和个人的两极,就没有电流了,你被绝缘了。这种想法黏附着你,滋扰着你,使你忧愁烦恼,最终带给你疾病,甚至是死亡。医生们可并不是这样诊断病症，他们给各种各样的病痛起了好些稀奇古怪的名字，而这些病症千篇一律，无一不是思想谬误的结果。

建设性的思想必定是创造性的，而创造性的思想必定是和谐的，这些会消除那些破坏性的或竞争性的思想。智慧、勇气、力量，和一切和谐的景况都是力量的结果，而我们知道一切力量都是由内而生。同样，一切软弱、匮乏、局限和种种不利的境遇都是软弱的后果，而软弱无非出自力量的缺乏。它是空虚混沌，无本无根——治疗的良方不过是开发力量而已，开发力量的方式与开发所有别的能力的方式一样，都是通过练习。

上面所说的练习就是应用你的知识。知识自己不会应用自己，必须由你来应用它。财富不会由天而降，也不会自动送到你的嘴边。而对于引力法则的主动认知，并使它付诸实践，以达到一个确定、具体的目标的意识，以及执行目标的意志力,将通过大自然的传递法则使你渴望的愿望真正实现。如果你从商,它通过正常的渠道增加你的财富,也为你打开新的、不寻常的渠道。当这个法则畅通无阻地运行,你将发现你所寻求的东西会找上门来。

　　这一周,找一面空白的墙壁,或是任何便利的所在,仍然像先前那样坐下,在意念中画一条大约六英寸的黑色的水平线,试着看清这条线,如同它画在墙上一样。然后,再用意念画出两条垂直的线,与前面的那条水平线的两端相连。接着再画一条水平线,把这两条垂直的线连接起来。这样就形成了一个正方形。试着看清楚这个正方形,看清以后,在正方形中画一个圆,在圆心画一个点,然后把圆心的点向你自己的方向拉近10英寸。现在,你在一个正方形的底面上做成了一个圆锥,你应该能记住这个圆锥是黑色的,再把它变成红色、白色、黄色。

如果你能够做到,就说明你已经取得了很了不起的进步,过不了多久,你就能够做到在心中所想的任何一件事情上集中心神了。如果一个目标或物件已经在思想中非常清楚地成形,它的降临,可见、可触的降临,不过是时间的早晚而已。

愿景总是在现实以先,并决定着现实。
——莉莲·怀廷

要点问答

1. 什么是财富?

财富是力量的产物。

2. 财产的价值是什么?

只有当财产能赋予力量的时候,它才有它的价值。

3. 知道"因与果"的道理有什么好处?

它使人能够大胆、无惧地制订并执行计划。

4. 生命是如何在无机世界中诞生的?

只有借助某种生命形态的介入。舍此别无他途。

5. 有限和无限之间的联系是什么?

二者通过思想相关联。

6. 为什么是这样呢?

因为宇宙只有通过个体的人来彰显自己。

7. 因果关系是建立在什么基础之上的?

建立在正负二极关系的基础上,好比一段闭合的电路。宇宙是生命蓄电池的正极,个人是负极,思想形成回路。

8. 为什么许多人在生活之中无法保证境遇的和谐?

他们不懂得这一法则,在他们的生命中没有正负二极,电路没有闭合。

9. 那么治疗的良方是什么呢?

要充分地认知引力法则,在某一特定的目标中有意识地将它付诸实践。

10. 结果会怎样?

思想将与其目标物建立关联,并让目标物得以彰显,因为思想是人精神的产物,而精神是整个宇宙的创造原理。

活跃的思想带来力量,思想之源有多深,它投射的力量就有多大。　　　　——爱默生

第十一章　不要限定自己的思考能力

唯一限制我们的是我们自己思考的能力，适应一切场合、一切情况的能力。正如《圣经》所说，"凡你们祷告祈求的，无论是什么，只要信是得着的，就必得着。"

人的生命是由实际存在的、永恒改变的原则所统治的。无论何时何地，这个法则永不停息地运转着。人类所有的行为都有其固定的规律。正是由于这个原因，那些控制着庞大产业的人能够绝对精准地测定每 10 万人中能够对给定的调整条件做出响应者的准确百分比。

不过我们不要忘记，不管是哪一个"果"，都会有相应的"因"。而原本的"果"，反过来又成了"因"，从而导致其他的"果"，而这些"果"又成了另外的"因"。所以，你在运用动力法则的时候一定要记住，现在的你正在开启一长串的因果关系链，它可能会产生好的结果，但也会出现数不清的其他可能性。

我们经常听到别人这样讲："我的生活现在可真是太惨了，这并不是我自己想要的结果，因为我从未也不想看到这样的结果。"我们没有认识到，正如精神世界中的相互吸引力一样，我们心中的想法会给我们带来某种友谊和交往，而这样又会影响到一些境遇和环境，所有这些，反过来又会成为我们对现状产生抱怨的缘由。

归纳推理是一个客观思维的过程，它要求我们把很多独立的例证进行相互的比较，然后从中找出引发它们的共同原因。

归纳法是通过对事实的比较得出结论。正是运用这种研究方法，人类才得以发现了大自然中的许多规律，也正是这些发现，造就了人类历史上划时代的进步。

归纳法是迷信与智慧之间的分界线，它以规律、理性与确定性替代并消除了人类生活中变幻莫测的成分。

归纳法就是我们在前面的课程中曾提到过的那位"门卫"。

当我们所熟知的世界发生着翻天覆地的变革；当太阳在绕地旅行的途中被中止，而看起来是平坦的大地却被塑造成球体，并围绕太阳旋转；当惰性的物质被分解为活动的分子；从浩瀚的宇宙延伸到望远镜和显微镜所能探视到的每一个角落，都充满着力量、生命，不断运动。我们不禁要问，到底是什么样的手段和方法，能够使这精微奥妙的宇宙结构秩序井然、自我修复？

同性两极和同性磁力互相排斥，各不相让，这足以说明为什么星球之间、人与人之间、力与力之间总是相互保持着一定的距离。异性相吸、酸碱中和、供需互补，同样也说明，具备不同才能的人也是可以相互吸引、相互配合的。

眼睛搜寻并满意地接收的颜色，往往是那些和当前色彩互补的颜色。同样，人的需求、向往与渴望，通常也是这样引导和决定着人的行为。

我们能够认识到这些，实在是莫大的幸运。居维叶从一颗已经灭绝的动物牙齿中得到了发现。这颗牙齿为了更好地运用自己的功能，就需要动物的整个身体和它的需要互相匹配,也正是这颗牙齿对身体的决定性作用,让居维叶能够通过它而重新构建这个动物的骨骼。

当天王星的运动轨道出现偏离。勒维耶想要在太阳系的某个确定的位置中找到另一颗行星,来维持太阳系的秩序,而海王星就在预定的时间和地点出现了。

动物的本能需求和居维叶的理性需求是吻合的,大自然的需求和勒维耶的智慧是类似的,于是,结果出现了。哪里有"存在"的想法,哪里就有"存在"的事实。定义明确、符合规律的需求,为大自然更为复杂的运行提供了理由。

我们正确地记录下大自然给予我们的答案,借助飞速发展的科学,我们的感知范围扩展到整个自然界。我们可以握住那根撬动地球的杠杆;我们意识到我们同外在世界有着如此紧密、多变、深切的联系,就像公民的生命、自由、幸福与政府的存在相吻合一样,我们的目的、愿望也和整个宏大的宇宙结构相吻合。

个人利益被国家的武器(加上他自己的武器)所保护。个人需求的供给,在某种程度上取决于这些需求是否能够被普遍地、有规则地感觉到。同样,大自然共和国的公民也是有意识地通过与更高力量的结盟,从而保护我们免受低级介质的烦扰;通过向阻力的基本法则——物理、化学介质之间相互吸引或排斥的法则——提起诉求,大自然就可将人与外部世界之间相互作用所需的劳动力合理分配,以最好地实现创造者的意图。

如果柏拉图能够借助摄影师的力量观看到太阳工作的场景,或是通过归纳法想象出一百幅类似的画面,他或许能够记起自己承先启后的智慧之言,在他的脑海中可能会出现这样的片乐上:一切人工的、机械的劳力和重复性劳动都指派给大自然的力量去完成,我们的愿望只需要我们意念灵动,加以精神的运作就可以完成。一切供应都由需求创造出来。

不管这个理想看起来有多么遥远,这种归纳法都可以使人类大跨步地前进,它用种种恩惠环绕着人们,这些恩惠同时也是对于过往忠诚的酬报,对未来勤恳耕耘的激励。

归纳法也有助于我们集中并增强我们的能力,获得那些尚待撷取的成果;有助于我们通过运用精神最纯粹的形式,找到解决个人和宇宙一切问题的答案。

在此我们发现了一个方法,它的核心是:为了实现你所寻求的东西,就要相信这些东西已经实现。这种方法就是那个柏拉图留给我们的宝贵遗产,而他早已驾鹤西去,万万想象不到这种理念竟会成为现实。

这种理念在斯韦登伯格的书信中也有所阐述。此外还有一位更伟大的传道者说过:"凡你们祷告祈求的,无论是什么,只要信是得着的，就必得着"。① 这段话中的时态差异值得我们注意。

我们首先要相信，我们的渴望已经实现，接下来的就必然是看到它的实现。关于运用创造性能量的最简单、最明确的教导，就是把我们渴望的某一件特定的事物，作为一个已经存在的事实，让它在宇宙主观精神上留下印记。

这样，我们就可以在绝对的层面上进行思维，排除很多相对的条件或限制。我们把一颗种子种在土壤中，只要不打扰它，它就会发芽长大，结出外在的果实。

回顾一下：归纳推理是一种客观思维的过程，我们把很多独立的例证进行相互比较，然后找出引发它们的共同原因。我们看到，在这个地球上的每一个文明国家中，人们都是通过某些过程来获取结果，但他们自己却知其然而

---

① 《马可福音》第 11 章第 24 节。——译者注

不知其所以然,因而常常为这些结果附加一些神话色彩。我们找出原因的目的,就是要探求使结果能够得到实现的规律。

有那么一类幸运儿,从他们身上可以看到这种思维进程的运行:他们毫不费力地获取到了其他人需要艰苦跋涉才能得到一切。他们从来不需要进行良心的交战,因为他们总是走在正道上;他们的行为举止总是恰当得体;他们学习什么都是轻而易举;他们无论开始做什么,总能窥其堂奥,轻松完成;他们和自身保持着永恒的和谐,从不需要反思自己的作为,也不需要经受困难或辛劳的考验。

这种思想的结果,的确是上帝的恩赐,但是却很少有人意识、领悟并看重这个恩赐。人的心智只有在合适的条件下才能拥有这种神奇的力量,它可以被利用并引导来帮助解决人类的一切问题,认识这种力量,明白这样的事实,有着极其重要的意义。

一切真理,不管是用现代的科学术语来阐述,还是用使徒时代的语言来陈述,它的本质都是相同的。有些人羞于承认,每一种具有完备性的真理,都需要不同的陈述——没有任何单一的人类公式可以表述真理的每一个层面。

不断的变化、不同的重点、新的语言、另类的阐述、新奇的观点……这一切并不是像某些人所说的那样,标志着对真理的背离,恰好相反,这一切证据表明,真理与人类的需求之间正在建立新的关系,而这种关系渐渐被理解并获得普遍的认知。

真理应该用一种新的、与以往不同的方式告诉每一个时代的每一个人。正如伟大的传道者所说的:"凡你们祷告祈求的,无论是什么,只要信是得着的,就必得着"。还有保罗说过的:"信是所望之事的实底,是未见之事的确据",以及现代科学中所说的——"引力法则就是思想同客体相联系的规律。"只要对这些论述加以分析，就会发现其中都包含着相同的真理。唯一的差异就是表达方式的不同。

我们正处在一个新旧交替的十字路口。是时候了，人们掌握了控制权的奥秘，新型社会秩序的道路已经铺好，这一切，比迄今为止人们所梦想的所有事情都更加神奇。现代科学和神学的冲突，比较宗教的研究，新的社会运动的巨大能量，所有这一切都在为新的秩序扫清道路。它们或许摧毁了传统中陈旧腐朽的一面，却将精华部分保存了下来。

每一种新的信仰的诞生，都呼唤着新的表达形式，这种信仰正是通过对能量表现的深层领会，让它在各个层面的精神活动中体现出来。

这种休眠于矿物质中、吐纳于植物菜蔬中、运行于动物体内，在人类心灵中达到巅峰的精神，就是宇宙精神，它使我们得以跨越理论和实践的鸿沟，飞渡行动与目标的天堑，证实了我们对于上天所赋予的统治权柄的把握能力。

到目前为止,所有世纪中最伟大的发现,都是思想的力量。这一发现的重要性尽管不是很快就达成了普遍共识,但正在被人们所接受,它的重要性在各个研究领域中也正在凸显出来。

你或许会问,思想的创造力是由什么组成的?它是由创造性的理念构成的,反过来,这些理念通过发明、观察、应用、鉴别、发现、分析、控制、管理、综合等手段,运用物质和力量,使自身客观化。它能够做到这些,因为它是富有智慧的创造力。

当我们潜入思想的深渊,思想最崇高的活力也就迸发;当思想突破自我的藩篱,通过一个又一个的真理,就进入了永恒之光的所在。在这里,一切现有的、曾经的、将至的,都将融为庄严和谐的整体。

在这个自我沉思的过程中,诞生的将是智慧创造性的启示,这种启示高于一切元素、力量或是自然法则,因为它能够领悟、改造、治理、按照自己的终极目的应用这一切,因此也终将占有一切。

智慧诞生于理性的破晓,而理想不过是对于我们借以了解事物本质的知识和原理的领悟。智慧,是阐明的理性,智慧引导人走向谦卑,因为谦卑是智慧之大成。

我们知道有许多人取得了看似不可能的成功,有许多人实现了自己一生渴求的梦想,许多人改变了一切,包括他自身。我们有时也会为这种分明是无坚不摧的力量而惊叹,它总会在人最需要的时候彰显出来。但现在,一切都清楚了。我们所要做的,就是领会某种明确无误的基本法则,以及它们的合理运用。

> 你本周的作业是,体察这句《圣经》中的话语,"凡你们祷告祈求的,无论是什么,只要信是得着的,就必得着",注意,这其中没有任何的限制,"无论是什么",

说得非常明确，这意味着唯一限制我们的是我们自己思考的能力，适应一切场合和一切情况的能力。要记住信心不是缥缈的影踪，而是确实的存在，"是所望之事的实底，是未见之事的确据"。

死亡不过是一个自然的过程，是一切物质形式都要经受的一个严酷的考验，这样才有了多样化的新生。

要点问答

1. 什么是归纳推理?

归纳推理是一个客观思维的过程,我们把很多独立的例证进行相互的比较,然后找出引发它们的共同原因。

2. 这种研究方法导致了什么样的结果?

发现了人类进步史上划时代的统治法则。

3. 是什么主导并决定人的行为举动?

是需求、期望和渴求。这些在最大程度上促使、引导并决定着人的行为。

4. 解决一切个人问题的千篇一律的公式是什么?

我们要相信我们所渴求的已经实现,接下来的就是看到它的实现。

5. 有哪些伟大的传道者支持过这种论点?

耶稣、柏拉图和斯韦登伯格。

6. 这种信念的结果是什么?

我们的想法就像在土地上播种,如果让种子安静地生长,它一定会生根发芽、开花结果。

7. 为什么从科学的意义上来讲是正确的?

因为它就是自然规律。

8. 信念是什么?

"信是所望之事的实底,是未见之事的确据"。

9. 引力法则是什么?

引力法则就是让信念成为确据的法则。

10. 你认为这项法则的重要性有多大?

它消除了人类生命中变幻莫测、反复无常的成分,代之以规律、理性和确定性。

第十二章　集中你的能量

第一,要了解你的力量;第二,更有挑战的勇气;第三,要有去做的信心。只要科学地把握思想的创造性力量,生活中的任何目标都可以得到完美的实现。

第十二章开始了。在下面你会看到这样的陈述:"第一,要了解你的力量;第二,要有挑战的勇气;第三,要有去做的信心。"

如果你专注于这些思考,把你的注意力全部投入在上面,你就会在每一个句子中发现一个有意义的世界。这会引发你的另外一些与它们相和谐的想法,你很快就能领会到你所关注的这种思想的深刻意义。

知识不会应用自己，我们作为人类个体，必须将其付诸应用，而应用就在于用充满生机的目标去浇灌思想之花，使之丰饶。

很多人的努力漫无方向，浪费了大量的时间、想法、精力，如果用来朝着愿景中的某些特定的目标努力的话，可能会创造出奇迹。为了做到这一点，你必须集中你的精神能量，定位在某一特定的想法上，排除一切杂念的干扰。如果你曾经观察过照相机的镜头，你就会知道假如不对准镜头，物体产生的影像就会模糊不清，而当你调整好焦距，图像就会变得清晰明朗起来。这说明了集中精神所具有的力量。如果你不能把精力集中在作所期待的目标上，你只能得到一个朦胧暧昧、模糊不清的理想轮廓，其结果与你的精神图景相一致。

科学地把握思想的创造性力量,生活中的任何目标都可以得到完美的实现。

这种思考力是人所共有的。我思故我在。人的思考力是无限的,因而创造力也是无限的。

尽管我们知道思想为其客体而生,最终拉近我们与客体之间的距离,但我们还是难以驱逐那些恐惧、焦虑和气馁的情绪。它们也同样具有强大的思想能量,不断地让我们渴望的东西离我们渐行渐远,常常使我们进一步、退两步。

唯一可以让我们避免后退的方法就是不断前进。成功的代价是永远保持警醒。有三个绝对必要的步骤需要你去做:第一,要了解你的力量;第二,要有挑战的勇气;第三,要有去做的信心。

有了这个做基础,你就可以为自己构建理想的事业、理想的家、理想的朋友以及理想的环境。你不会被材料或成本所限。思想是无所不能的,有能力为其所需的一切,而动用"第一实体"的"无限银行"。因此,无限的资源,尽在你的掌握之中。

不过,你的理想必须明朗、清晰、确切。今天一个理想,明天又一个理想,下周又产生了第三个,这意味着你耗散了自己的力量,必将一无所成。后果就是浪费人力和物力,让一切变得混乱不堪,毫无意义。

然而很不幸,许多人都招致了这样的后果,原因是不言自明的。如果你给雕塑家拿一块大理石和一把凿子,让他开始雕塑,每过15分钟就变一次主意,那结果会怎样呢?同样,你现在所塑造的是天地万物间可塑性最强,也最伟大的、唯一真实的材料,如果你的主意变来变去,结果又能好到哪里去呢?

这种优柔寡断、消极负面的思想，其后果常常表现在物质财富的损失上。期望中的自立（这需要多年的辛劳和努力），转瞬间化为乌有。这时，你常常会发现，金钱和财产不足凭恃。正相反，世界上唯一可以指靠的，就是对思想创造力的实际运用。

你所能拥有的、唯一真实的力量，就是调整自己，使之与神圣的永恒原则相协调的力量，只有当你懂得了这一点，实际应用的方法才会被你所掌握。你无法改变"无限"的存在，但你能理解什么是自然法则。作为回报，你会清楚认识到你拥有这样的能力：调整自己的思考力以适应无所不在的宇宙思想。你所拥有的这种与全能力量协调合作的能力，预示着你的未来将会取得怎样的成就。

思想的力量有许多鱼目混珠的赝品，它们或多或少能让人迷醉一时，但它们所带来的后果，非但无益，反而有害。

毫无疑问,焦虑、恐惧等一切负面的想法,产生的后果也是各从其类;那些抱持这些想法的人们,最终会收获自己种下的恶果。

还有一些神异现象的寻求者,他们竭力追寻一些在降神会上获得的所谓的证据、显灵等等。他们打开了心灵的大门,沉醉在毒害作用很深的精神世界的潮流中。他们不明白这是一种让他们变得消极、被动、驯服的力量,这种力量让他们沉迷于这种思想形式中,并且最终将使他们精神耗尽,元神大伤。

还有印度教的崇拜者,他们在由所谓高手表演的物化现象中,看到了一种力量之源,但他们却忘记了,或者说,他们从没认识到,一旦意念消退,它的形式也会随之凋萎,充斥其中的能量,转瞬间就消失得无影无踪。

还有不少人热衷于心电感应,或者说是意念传递,但是对于心电感应的接受方来说,它的精神影响是负面的。如果意图明确,就是要听到什么或看到什么,这种意念也会传递出去,然而它会带来不利的苦果,因为它倒置了其中涉及的精神原理。

大多数情况下,催眠术对受催眠者和施术者来说同样危险。任何一个了解精神法则的人,都不会愚蠢到想要控制他人的意志,因为如果这样做,施术者将逐渐地(但却必然地)丧失他自己的力量。

所有这些曲解都有其暂时性的满足,甚至有一定的迷惑力。但是,在对内在力量世界的真正领悟中,却蕴藏着更大的、无限的魅力。这种力量,会随着对它的使用而不断增长。它将永恒存在,而不是稍纵即逝。它不仅能起到补救的功效,弥补以往错误思想的结果,也能起到预防的作用,保护我们免受种种形态、种种样式的危险的侵害。最后,精神力量还是实际存在的创造性力量,借助这种力量,我们可以为自己创造新的环境和际遇。

其规律是：思想与其客体相关联，在精神世界中思考或产生出来的东西，在物质世界中都会一一对应地实现。这时，我们必须看到，每一种思想都有与生俱来的"真"的萌芽，只有这样，生长规律才能把"善"注入到外部显现中，因为只有善才能赋予永恒的力量。

赋予思想以动态力量，使之与其客体相关联，并因此控制着一切不利的人类经验的法则，就是引力法则，它的另一个名字就是"爱"。这是一个永恒的基本法则，在万物之中，在一切哲学体系、宗教、科学中，它都是与生俱来的。一切都离不开爱的法则。它是一种赋予思想以活力的情感。情感就是渴望，而渴望就是爱。在爱中孕育而生的思想，将会所向披靡、战无不胜。

我们发现，无论在哪里，只要理解了思想的力量，这一真理就得以强化。宇宙精神不仅仅是智慧，也是物质，这种物质是一种吸引力，它是电子通过引力法则聚在一起形成原子，原子又通过同样的法则聚在一起形成分子，分子又形成物质的客观形式。所以，我们发现，爱的法则是一切现象背后的创造性力量，不仅创造了一个个原子，也创造了整个世界、整个宇宙，以及想象力能够赋予形态和观念的万事万物。

正是通过这个奇异的引力法则的运行，使世世代代的人类相信，一定有什么人格化的存在，可以对人们的祈求和心愿做出回应，并操控着大小事件，以应允人们的需求。

思想和爱的结合，形成了不可抗拒的力量，这种力量就是引力法则。一切的自然法则都是不可抗拒的，比如重力法则、电力法则或其他法则，它们都有着数学的精确。这一法则从无改变，只是分发力量的渠道可能并不完美。如果一座桥倒了，我们不能把它的坍塌归咎于重力法则发生了改变。如果电灯不亮，我们也不能得出电力法则不再可信的结论。同样，如果引力法则在一个没有经验或一无所知的人身上表现得并不完美，我们也不能认定，应该对这个最伟大、最正确、整个创造体系都赖此而生的法则提出质疑。相反，我们应该知道自己对这个法则的了解还有欠缺，就像在一个数学难题中，我们并不总是能很迅速、很容易地得出正确答案，这两者的道理是一样的。

事物都是先在精神世界或心灵世界中被创造出来，然后才在外在的行为或事件中出现。今天，通过控制思想力量的简单过程，我们帮助创造了将要发生在我们未来（甚或是明天）生活中的事件。要想把引力法则落实在行动上，有根有据的愿望是最有效的手段。

人是有这样一种特点的：他必须首先创造出工具或器械，然后利用这些工具获得思考的能力。大脑中如果没有脑细胞和一种全新的理念发生共振，人的思想就肯定不会接受这种理念。这就是为什么我们很难接受或认可一种全新理念的原因。因为我们的大脑中没有能接收这种信号的细胞,因此我们产生怀疑,我们不相信它。

因此,如果你尚未了解引力法则的全能力量,不了解它如何运行的科学方法,或者你还不知道无限可能性的大门敞开着,凡是能够利用这种资源的人可以对它予取予求,那么,从现在开始吧,创造出需要的脑细胞,让你自己体会到这种无限的力量,只要你与自然法则协调一致,这种力量就会属于你。而要做到这一点,你必须通过专注心神或集中意念。

意图控制着注意力。力量来自休息。通过集中意念,深邃的思想、睿智的谈吐和一切至高的潜力都可以发挥出来。

在"寂静"中,你和潜意识中无所不能的力量建立了联系,一切力量都是从这里发展出来的。

渴望智慧、力量或者任何不朽成就的人，都会在内在世界中找到这些。内在世界会不断为你揭示各样的奥秘。粗心大意的人可能会认为，"寂静"非常简单而且容易实现。但是要记住，只有在绝对寂静的状态下，才能够触摸到神本身，才能领悟到永恒不变的法则。通过一年时间集中和坚持不懈的练习，你就会为自己打开通往完美的大门。

这一周，仍然进入那间屋子，坐在那张椅子上，保持和先前同样的姿势。一定要放松，让心灵和肉体都保持自然的状态，始终如此。绝对不要在压力下进行任何的精神劳作，神经和肌肉都保持放松的状态，让自己感觉舒适。现在，要意识到自己与全能的力量是和谐一致的，与这一力量建立起了联系，深刻领悟、理解、感知这样的事实——思考力就是你作用于宇宙精神并使之彰显的能力；认识到宇宙能力将满足你所有的要求；认识到你与任何人已有的或将有的潜力完全不相上下，因为任何个体都不过是宇宙整体的彰显或表达，全是整体的组成部分，在种类和性质上并无不同，差异仅仅在于程度不同而已。

思想中诞育的任何事物，在现实中都能够获得表达。那个首先提出的人只不过是提议者，而首先去做的人却是发现家与发明家。

——威尔逊

要点问答

1. 如何完美地实现生活的目标?

通过准确地理解思想的精神实质。

2. 绝对必要的三个步骤是什么?

第一,要了解你的力量;第二,要有挑战的勇气;第三,要有去做的信心。

3. 如何获取实际而有效的知识?

通过理解自然法则。

4. 理解这些自然法则会得到什么样的回报?

理解这些自然法则,就能自觉地意识到自身的能力,以便适时根据上帝以及永恒的法则调整我们自身。

5. 怎样看待我们的收获或是成功的程度?

看看我们自己是不是认识到这个道理:我们不能改变"无限",只能与它合作。

6. 赋予思想以动态力量的法则是什么?

是引力法则,引力法则是建立在共振原理基础上的,而共振原理又建立在爱的法则之上。在爱中孕育而生的思想是战无不胜的。

7. 为什么这一法则颠覆不破?

因为它是自然规律。一切的自然规律都是颠覆不破、永不改变的,如数学一般精确,没有变更、背离。

8. 那么为什么有时我们会在生活中遇见一些棘手的问题?

就如同我们做数学题时有时会遇到困难一样。做题的人没有经验或是没有学过此类知识。

9. 为什么我们的心智无法领会一种全新的观点?

因为在我们的头脑中没有共振的脑细胞接受相应的信息。

10. 如何获取智慧?

通过集中精神。集中精神将为你开启智慧之门,智慧是来源于内在的。

第十三章　没什么不能没有梦想

世上没有任何超自然的东西,一切的现象都有其发生的原因。要敢想,更要敢干。你要相信,自己必然与"天父合二为一",你就是创造者,未来必为你所创造。你有资格去获取世间任何的美好事物。

物理科学带来了发明创造的神奇时代,如今我们正生活在这个时代中。而精神科学眼下正在扬帆启航,没有人能够预测会有怎样的可能性。

精神科学从前一直是那些目不识丁、盲从迷信、神神道道的人们所玩的足球游戏,但如今人们只对明确的方法和已证的事实感兴趣。

我们在开场时就认识到,思想是一种精神作用,梦幻和想象总是先于行动和事件,梦想家的日子到了。下面,赫伯特·考夫曼(Herbert Kaufman)这段话很有意思:

"他们是伟大的建筑师,他们的梦想潜藏在他们的灵魂中,他们透过怀疑的薄雾和纱幕,洞穿未来时间的墙垣。装甲的车轮、钢筋的履迹、旋紧的螺丝,都是他们用来织造神奇挂毯的织梭。他们是帝国的创始人,他们为之奋战的一切比皇冠更加宝贵,比宝座更加高不可攀。你的居所建立在梦想家发现的国土上。这片国土的墙垣上绘着梦想家灵魂中的幻影。

他们是被选择的少数——他们是"道"的传播者。墙垣崩塌了,帝国倾倒了,大海潮汐涨落,撕裂岩石坚硬的壁垒。时光的树干上不断有腐朽的王国枯萎落下,唯有梦想家亲手缔造的一切存留下来。"

接下来的第十三章将告诉你梦想家的梦想是如何实现的。这一章中阐述了一切梦想家、发明家、作家以及金融家借以梦想成真的因果关系法则。阐述了这一法则何以使我们在精神中形成的图景最终成为我们自己所拥有的现实。

现今科学的趋势或者说需要，是通过对那些少见、例外的事件进行概括，做出对日常事件的解释。就像火山爆发显示出地球内部的热能运动一样，正是因为地球内部的热能运动才让地球表面形成了现在的样子。

同样，闪电揭示了一种常常改变着无机世界的微妙能量。再比如，一种已经消逝的古老语言可能曾一度在某个国家风行，在西伯利亚发现的一颗巨齿、在地球深处发现的一块化石，不仅仅记录着过往岁月的变迁，也同样向我们昭示着我们今天居住在其中的山陵河谷的起源。

用这种方式,对那些少见、古怪、例外的事情做出概括,就如同有了指南的磁针,引导着科学的全部发现。

这种方法是建立在推理和经验的基础上,因此,它破除了迷信、常规与先例。

自从培根勋爵推荐这种研究方法以来,已经有几百年了,文明国家的物质、知识的繁荣,大多归功于此。这种方法洗掉了人们头脑中狭隘的偏见、根深蒂固的理论,比使用最锋利的讽喻更加卓有成效。它成功地把人们的目光由天国吸引到地面,通过令人吃惊的实验,而不是强有力地批驳人们的无知。它有力地培养了发明创造的本领,通过把最新有用的发现公布于众,而不是通过对那些我们头脑中固有的理念夸夸其谈。

培根的方法与伟大的古希腊哲学家们的思想不谋而合,并在新时代所赋予的新的观察手段下让这种思想行之有效。这样,上至天文学无垠的空间，地理学久远模糊的年代，下至生物胚胎学的微小的卵细胞，逐步揭示出一个伟大奇妙的知识领域。脉搏跳动的规律呈现出来，这是亚里士多德的逻辑学无论如何推演不出的。物质集合被分解成我们从前一无所知的分子，这是任何经院哲学的辩证思维都做不到的。

人的寿命延长了，痛楚减轻了，疾病被攻克了，地里的产出增加了，海员航行更加安全了，我们的先人从未见过的大桥横跨了大江大河，像白日一样的光明照亮了夜晚的黑暗，人类的视野被大大地拓宽，人们肌腱的能力成倍地提高，速度加快了，距离不见了，交流通信、官方通讯、商务往来更加便利了，人们可以自由地在高高的天空上遨游，可以放心大胆地潜入大海深处的那些幽深的地球的洞穴里。

这就是归纳法的真正本质和范围。人类科学的成就越是卓越，我们就越是应该对这些例证和教导心领神会——在敢于得出普遍规律的结论之前,我们必须利用一切的手段和资源,仔细、耐心、正确地观察个体的事例。

为了探知电动机械上为何会有火花出现——这种情况比比皆是——我们应该有勇气同富兰克林站在一起,借着风筝的形式,斗胆向天空的乌云询问闪电的性质。为了确知伽利略自由落体的方式,我们应该敢于同牛顿并肩而立,向天上的月亮询问系之于地球的引力。

简要地说,基于我们所认定的真理的价值,基于我们对普遍、稳定的进步的期盼,我们不允许暴虐的偏见让我们忽视或毁伤那些不受欢迎的事实,而应该把科学的上层建筑扎根在宽阔稳固的基础上,不仅仅要关注那些常见的现象,也要注意到那些少见的事实。

通过观察,我们可以收集越来越多的资料,但是,堆积的大量事实对于解释自然规律来说,意义价值各不相同。正如我们把人类的品性、才能视为自然进化中最珍奇的事件,同样,自然哲学也对一切事实进行了筛选,而那些重要性压倒一切的事实,也正是那些日常生活中不易观察到的现象。

如果我们发现某些人拥有异常的能力,我们能够得出什么结论呢?首先,我们会说,怎会有这样的事?这样说的人只是承认了自己的无知,因为任何一个诚实的探索者都会承认世界上经常有一些奇怪的、先前没法解释的现象发生。而那些熟知思想的创造力的人,绝不会认为这些现象是永远无法解释的。

其次,我们可能会说,这些是超自然现象干预的结果,但是对自然法则的科学理解会让我们明白,没有任何事情是超自然的现象。一切现象的发生都有它们的原因,而这种原因一定是某种固定的法则或原理。这种法则或原理的运行——不管是有意识还是无意识地运行——必然是精密准确、始终如一的。

最后,我们可能会说,我们走到了"禁地"

中，也许有一些东西是我们不应该知道的。这种反对意见在每一次人类进步中都会听到。那些提出新的理念的人，诸如哥伦布、达尔文、伽利略、富尔顿或是爱默生，都经历了这样的冷嘲热讽或是残酷迫害。所以这种反对声音是不值一提的。不过，从另一方面来讲，我们应该细心思考任何一件引起我们注意的事实，只有这样我们才能更容易发现其中的基本规律。

我们会发现，思想的创造力能够解释一切的经历或际遇，不管是物质的、精神的，还是心灵的。

思想会带来与主导性的精神状态相一致的际遇。因此，如果我们对疾病恐惧（恐惧也是一种强有力的思想形式），疾病就会成为这种念头的必然结果。这种思想形式会使多年的辛苦努力付诸东流。

如果我们心中想要有一些实际的财富，我们就会获得这些财富。把意念集中在需要的情境上，就会引发这种情境，再付出适当的努力，就会推动这种情境转换，最终，有助于我们实现自己梦想的际遇。然而，我们常常发现，当我们获得自己想要的东西时，期望中的感受却没有出现。这意味着满足只是暂时的，甚至可以说，所谓的满足与我们的真正期望恰好相反。

那么，这一过程的正确方法又是什么呢？我们如何思想，才能实现我们真正的梦想呢？你和我的梦想，我们全人类的梦想，也是每一个人向往追求的，就是幸福与和谐。如果我们能够把握这个世界所能给予我们的一切，我们就获取了真正的幸福。如果我们能够使其他人幸福快乐，我们自己才能感觉到真正的幸福。

但是，如果我们没有健康，没有力量，没有知己好友，没有令人开怀的际遇，吃不饱穿不暖，我们又怎能快乐得起来呢？我们不仅要能够满足自身的日常所需，还要拥有一切的舒适奢华——这些都是我们完全有资格获得的，只有这样,我们才会幸福快乐。

传统保守的思维方式是要像一只"虫",满足于自己所应得的那一份,不管它到底如何。而当代的理念是:要了解我们被赋予了天地万物间最好的一切,了解"天父与我合二为一",并且了解"天父"就是宇宙精神,就是创造者,一切物质的起源。

现在,即使我们知道这些在理论上都是正确的,两千年来我们一直接受这样的教导,并且这些理论也是一切宗教或哲学体系的精华,我们又如何能在生活中付诸实践呢?我们如何能够立马看到实际可见的结果呢?

首先,我们必须应用我们的知识。一切的实现都来源于实践。运动员一生可能要读很多体育训练方面的书,但除非他在实际的训练中付出大量的体力,否则他永远也不可能收获更加强壮的体魄。他最终的收获完全与他的付出成正比。收获在后,付出在前。我们的情形也是一样。我们最终的收获完全与我们的付出成正比,同样也是收获在后,付出在前。我们将会得到多倍的回报,而付出不过是一个精神过程,因为思想是因,境遇是果。因此,只要付出各种有益的思想,如勇气、激情、健康,我们就把"因"的导火线点燃,相应的结果就一定会出现。

思想是一种精神活动,因此是具有创造性的,但是不要搞错了,思想如果不受到有意识的、系统化的、建设性的引导,就不能有任何创造。这就是空想和建设性思想的差距,空想只是蹉跎光阴,浪费精力,而建设性思想则意味着永无止境的成功。

我们知道降临到我们身上的一切遭际,都遵循着引力法则。不快乐的意识与快乐的念头无法共存,因此,意识必须发生变化,当意识发生改变的时候,一切情景都会适应变化了的意识而逐步改变,以适应新的情形之下新的需求。

在创造精神图景或理想的过程中，我们就把意念投射到创造万物的宇宙物质中。宇宙物质是无所不在、无所不能、无所不知的。我们岂可告知无所不知者应当如何实现我们的需求呢？有限的人岂能教导无限的上帝呢？这就是失败的"因"，是一切失败的"因"。我们认识到宇宙物质的无所不在，但我们却不能接受它不只是无所不在，也是无所不知和无所不能的事实，因此，就常常引燃我们自己其实一无所知的"因"的导火索。

> 通过认知宇宙精神的无限能量和无限智慧，我们可以最好地维护我们的利益。通过这种方式，我们就可以成为无限的宇宙精神实现我们愿望的渠道。这意味着认识带来现实，所以，你们这一周的功课

是，运用这个原理，认识到你自己是整体的一部分，你和整体在本质和属性上都完全相同，唯一可能存在的差异是程度上的差异。

当这种伟大的思想开始渗入到你的意识中，当你真正开始认识到你（不是你的身体，而是你的自我），你心中的"我"，那个能够思考的灵魂，是这个伟大整体的不可分割的组成部分，在实质、种类和性质上，创造者所给予你的与他本身毫无二致，你也应该能够这样说，"我与天父合二为一"，你将开始体会到：所有美好、宏伟、神奇的机遇，都听命于你的吩咐。

加给我智慧，
让我知道我真正的利益所在，

加给我坚定的意志,

让我能够按照智慧的引领行事。

——富兰克林

要点问答

1. 自然哲学家获取知识、应用知识的方法是什么?

他们仔细、耐心、精确地观察个体的事实,利用手边的全部资源和各种手段,在此基础上大胆提出普遍法则的论述。

2. 我们何以确信这种方法的正确性呢?

不要让独裁的偏见统治我们的内心,也不要忽视或毁伤那些不受欢迎的事实。

3. 哪一类的事实需要格外加以重视?

那些无法通过日常生活中的观察做出解释的事实,需要格外加以重视。

4. 这种理论的依据是什么?

依据是经验和推理。

5. 这种方法论将摧毁什么?

它将摧毁迷信、先例和传统。

6.这些法则是如何发现的?

通过对那些少见的、陌生的、不寻常的事实进行概括总结发现的。

7.我们如何对那些稀奇的、迄今为止无法理解的现象寻求解释呢?

通过思想的创造力。

8.为什么要这样呢?

因为当我们了解一件事实的时候,我们可以肯定,它是某个明确原因的结果,而这个原因一定是非常精确地运行的。

9.这种认知的结果是什么?

可以解释一切可能出现的境况的因由,不管是物质的还是心智的或精神的。

10.我们怎样才能获取最大的利益?

我们要认清这样的事实:对于思想创造性本质的认知将使我们与"无限"的力量建立起联系。

第十四章　拒绝负面思想

永远不要对环境表示不满。你越是将思想集中于负面的环境,这种环境就越是成长壮大,最终成为成功和幸福的绊脚石。面对生活,你要积极,积极,再积极。让你的思想明朗、清晰、坚实、确定,决不变更!

迄今为止,你已经在学习的过程中知道,思想是一种精神活动,因此被赋予了创造力。但这并不意味着只有某些思想才具有创造力,而是意味着一切思想都具有创造力。这个法则也会施加负面的影响,尤其是在"拒绝、否定"的心理过程中。

潜意识和显意识是行为与精神联结的两个阶段。潜意识和显意识的关系与风向标和天气的关系一致。大气的微妙变化会在风向标的方向中显现出来，同样，显意识思想的变化也会引起显意识层中相应部分的变化，其变化与显意识想法中感受的深度以及沉陷的强度都成正比。

所以，如果你否认那些令你不满的情境，你就把思想的创造力从这些情境中撤离了。你把它们连根砍断了。你在使它们的活力衰竭。

请记住：生长规律不可回避地控制着针对客体的任何作为，因此，否定你自己对于情境的不满，不会立刻带给你的转机。一棵植物被连根砍断后，仍然会保持青翠的本色，然而过不了多久就会枯萎，继而消失。所以，把你的思想从对不满情境的沉思中撤离也是如此，这样做会逐渐，但却必然地终止这些情境。

你将看到这与我们习惯采取的方式是一个完全相反的过程。所以它导致的结果也是完全不同的。大多数人会把注意力集中在那些令他们不满的情境中,这种精力的集中就给予那些负面的情境以充分的能量和活力,让它们迅速成长起来。

宇宙能量没有局限,它是一切运动、光、热和色彩的源头,同时它又是一切结果的成因,更在一切结果之上。宇宙物质是一切力量、智慧和才智的源泉。

认识这种智慧,就是要熟悉这种精神的本质,进而熟悉宇宙的实质,使自己的一切属性都和它保持和谐的关系。

这些,即便是最渊博的自然科学大师都未曾尝试过的——这是一种他自己从未领略过的发现。事实上,几乎所有唯物主义的学校都从未领受过其中的智慧之光。他们从没有意识到，智慧就像能量和物质一样，是无处不在的。

有些人会说了，如果真是这样的话，为什么不能证明出来呢？如果这一基本原则显然是正确的话，为什么我们无法获得理想的结果呢？不，我们获得的正是"理想"的结果，一切结果与我们对基本原则的领悟程度以及我们运用基本原则的能力严格成正比。要知道，在没有人总结出电的规律，并教给我们应用方法以前，我们同样无法从电的规律上得到任何的结果。

它让我们与外部环境之间建立起新型的关系，它为我们打开了前所未有的机遇的窗口，这种关系、这扇窗口，是通过我们崭新的心灵状态中自然而生的一系列有序的法则而建立并开启的。

精神是具有能动性的，这一法则的基础是完美合理的。精神蕴含在万物的本质中，但这种创造性能量并不是在个体中产生，而是诞育于宇宙——它是一切能量和物质的初始和源泉，而每一个个体不过是宇宙能量的分流渠道而已。宇宙创造种种各不相同的组合，因此有了各种现象的产生，这些正是通过个体来实现的。

我们知道科学家已经把物质分解成无限数目的分子，这些分子又分解为原子，原子又被分解为电子。在含有熔化的硬金属接线端的高真空玻璃管中对电子的观测，有力地证明电子充满了整个空间。它们存在于万物之中，它们无处不在。它们充满了一切物质，占据了我们以为是真空的区域。这，就是诞育万物的宇宙物质。

电子如果不根据指令组成原子或分子的话，它就永远是电子，而发出指令的就是精神。许多电子围绕一个能量的核心旋转，就构成了原子；原子按照一定的数学比例组合，就形成了分子；这些分子相互联合，就形成了许多种化合物；这些化合物又构成了整个宇宙。

已知的最小的原子是氢原子，氢原子的重量是电子的 1700 倍。一个水银原子的重量是电子的 30 万倍。电子是纯粹的负电荷，既然电子和其他的一些宇宙能量，比如光、热、电能具有同样的速度潜力，那么一切时空都不在话下了。

光速的确定，说起来很有意思。光速是由一个名叫罗默的丹麦天文学家，在 1676 年通过观察木星的月食现象测得的。当地球最接近木星的时候，木星月食的发生比预计时间提早了八分半钟，而当地球位于离木星最远的位置上时，木星月食的时间推迟了八分半钟。罗默得出结论说，其中的原因是从木星而来的光线需要 17 分钟穿越地球轨道半径，这就造成了地球木星距离的差异。这个结论后来经过了验证，证明光的运动速度约是每秒 30 万公里。

电子在人体内的表现好像细胞一样，它们

拥有足以让它们在人的躯体内完美运行各种功能的精神和智慧。身体的各个部位都是由细胞构成的,有些细胞独立行动,另一些则是成群结队。有些细胞忙于建立人体组织,另一些则从事构造人体所需各种分泌物的活动。一些是物质的搬运工;一些是修复创伤的外科医生;一些是清道夫,负责搬运垃圾;还有一些负责防御工作,阻挡侵略者或病菌的进攻。

这些细胞的运动都有一个共同的目的,每个细胞都不只是代表一个有生命的机体而且还有着充足的智慧,使它能够完成必要的职责。同时它还被赋予了足以让它保存能量、延续自身生命的智慧。因此,它必须获得充足的养分,而人们发现,它们是有选择地挑拣养分的。

一切细胞都要经历产生、繁殖、死亡和被分解的过程。维持生命与健康的基础正是在于这些细胞的新陈代谢。

因此,很显然,身体内的每一个原子中都

蕴含着精神。这种精神是负极,而人类思考的能量可以使它成为正极,因此人能够控制这种负极精神。这就是超验疗法的科学解释,它使任何人都能理解这种奇妙现象所依据的原理。

这种负极精神,蕴含在身体的每一个细胞之内,它被称作潜意识精神,因为它的行为不为显意识所知。但我们知道,这种潜意识是能够对显意识做出回应的。

一切事物都起源于精神,表面迹象是内心思想的产物。因此我们知道,万物的起源都不在自身,它们只是幻象,难以持久。既然它们是思想的产物,也就可以被思想擦除。

在精神领域,人们也在进行实验,如同在自然科学领域做实验一样,每次发现都使人向着可能的目标前进了一步。我们发现,每个人都是其终生所抱持思想的反映。他的思想在他的外貌、形体、性格和际遇上,无不打下戳记。

每一个"果"的背后都有一个"因",如果

我们追踪觅迹，找到它的起源，我们就会发现它起始于创造原理。如今的证据俯拾皆是，这项真理已经广为人知。

客观世界由一种肉眼看不穿、迄今尚不能做出解释的能量控制着。我们一直以来把这种能量人格化，称其为上帝。然而，我们现在已经学会把它看作遍及万物的精神本质或原理——无限或普遍的宇宙精神。

无限、全能的宇宙精神，它的资源应有尽有，我们还不要忘了，它也是无所不在的，这样我们就不能回避这样一个结论，即我们自身一定是宇宙精神的表达或彰显。

通过对潜意识精神资源的认知和领悟，我们会知道，潜意识和宇宙之间的唯一差异，就在于程度的不同。它们的差异可以比作一滴水珠和海洋的差异。它们的种类和性质完全相同，唯一的差异是程度的差异。

你是否能理解这个事实的重要性，是否认

识到了对这个事实的认知会让你与全能者建立起联系？潜意识是宇宙精神和显意识之间的连接通道，显意识能够有意识地引导思想，而潜意识能够把思想注入到行动中去，这一点不是不言自明的吗？既然潜意识与宇宙合二为一，那么它的活动岂不是没有极限的吗？

科学地领悟了这个原理，就可以解释为什么凭借祈祷的能力可以获得奇妙的结果。用这种方式获得的结果并非出于上帝的眷顾，正相反，是出于自然法则完美运行的结果。因此，其中没有任何神秘的，或是宗教的成分。

可还是有很多人不愿意进行这种非常必要的正确思维的训练，尽管事实是明摆着的——错误的思维将会带来失败的恶果。

思想是唯一的现实，境遇不过是外在的显现。一旦思想改变，一切外在的、物质的境遇都会发生改变。因此，要与它们的创造者保持和谐一致，而这位创造者就是思想。

但思想必须明朗、清晰、坚实、确定,决不变更。你不该进一步退两步,更不该浪费二三十年的时间把你的一生建立在作为负面思想之结果的负面环境之上。并且,这些负面环境和思想绝对不是通过 15 分钟或 20 分钟的正确思维就可以把它们全部清除的。

如果你为了使自己的人生发生翻天覆地的变化而进行这种必要的训练,你就必须有意识地去做,认真思索、全面考虑这个问题。还有,不能让任何问题干扰你的决定。

这种训练,这种思想转变,这种心态,不仅会带给你让你感到幸福无比的物质财富,也会从整体上带给你健康的身体,以及和谐的境遇。

如果你期待生命中的和谐境遇,你首先应该建设一个和谐的内在世界。

你的外在世界会是你内在世界的折射。

你这周的作业是,专注于对"和谐"的心领神会。我所说的"专注",意味着"专注"的一切内在含义。要全神贯注,迫切诚恳,直到你除了"和谐"之外对其他一切都一无所知。记住:学中用,用中学。仅仅阅读这些教程你将毫无进展,它真正的价值就在于对它的实际应用。

学会关上你的大门,不要让任何不能给你的未来带来明显的益处,而又试图获准进入的东西进入你的心灵、你的工作和你的世界。

——乔治·马修·亚当斯

要点问答

1. 一切智慧、力量和才智的来源是什么?

它们的来源是宇宙精神。

2. 一切的运动、光、热和色彩的起源在那里?

在宇宙能量中。宇宙能量是宇宙精神的体现。

3. 思想的创造力源自何处?

源自宇宙精神。

4. 什么是思想?

思想是运动的精神。

5. 宇宙在形式上是如何分化的?

个体是宇宙用以产生各种组合的手段,这些组合导致了不同现象的产生。

6. 这些是如何实现的呢?

个体进行思考的能力使他能够作用于宇宙并使宇宙精神彰显出来。

7. 就我们所知,宇宙所采用的最初形态是什么?

最初形态是原子,原子充斥着整个宇宙。

8. 一切事物的起因何在?

起因在于精神。

9. 思想改观的结果是什么?

结果是境遇的改变。

10. 和谐的心态会产生什么样的结果?

和谐的心态会带来和谐的生存境遇。思想尽管是非物质的,但却是生命赖以成形的母体。

在这个成果丰硕的世纪,思想在各个领域都十分活跃,但对于这塑造一切的思想,我们必须从科学的范畴内寻找答案。

第十五章　洞察力

洞察力是一种心灵的能力，凭借它，我们能从长远的角度考虑问题、观察形势。它能使我们在一切事情中认识困难并把握机遇。洞察力使我们做好了迎战障碍的准备。在这些障碍还没有化成足以阻挡我们的困难之前，我们就已经跨越了它们。洞察力使我们权衡利弊，妥善规划。它把我们的思想和注意力引向正确的方向，让它们不至于堕入没有回报的歧途。

雅克·洛克博士是洛克菲勒研究所的成员，他曾拿植物中的寄生虫做实验，结果发现即便是最低等的生命也懂得利用自然法则。

为了获取实验材料,把盆栽的玫瑰放入房间,放在一个关闭的窗子前面。如果让这棵植物枯萎,以前无翼的蚜虫(植物上的寄生虫)就会变成有翅的昆虫。变形后,它们离开这株植物,飞向窗口,沿着玻璃向上爬去。"

很显然,这些小生灵发现它们赖以繁殖的植物已经死亡,它们从这株植物上再也无法获得任何食物和饮料。它们远离饥饿、拯救自己的唯一办法就是长出临时性的翅膀,然后飞走,而它们就这样做了。

此类试验表明,全知、全能的力量无处不在,即便是最小的生命,也能够在紧急关头利用这种力量。

第十五章将告诉你更多的生命法则。这一章会阐述为什么这些法则的运行是对我们有益的。我们经历的一切境遇和景况都是为了造就我们,我们付出多大的努力,就会获得多大的力量。如果我们能够自觉地与自然法则合作,就会发得最大的幸福和快乐。

我们生活于其下的各种法则，都只是为了我们的利益而被设计出来的。这些法则恒久不变，任何人都无法逃脱它们的作用。

一切伟大而永恒的力量，都在庄严的寂静中发挥作用，而我们所能做到的，就是让自己与它们保持和谐一致，这样就可以表达出相对祥和而快乐的生命。

一切困难、混乱、障碍，都说明我们要么是不愿将自己多余之物施予他人，要么是拒绝承认我们自己所需要的是什么。

生长是新陈代谢的过程，生长中没有最好、只有更好。生长是有条件的互惠行为，因为我们每个人都是一个完美的思想实体，这种完美要求我们先有予，后有取。

如果我们固执地坚守已经拥有的，就不可

能获得我们所缺乏的。当我们开始认识到吸引我们关注的目标是什么的时候,就能够有意识地控制我们的外部环境,并从每一次经历中汲取我们进一步生长所需要的养分。这样的能力决定着我们实现和谐幸福的程度。

汲取我们生长所需养分的能力,会随着我们境界的提升和视野的开阔而逐步增强。随着这种能力的增强,我们就能够识别我们一切需要的所在,吸引它们、吸收它们。这样,来到我们身边的一切,也就正是我们生长所需的。

我们所遭逢的一切境遇和经历,对于我们都是有利的。在我们能够汲取其中的智慧并从中积聚进一步生长的养分之前,困难和障碍就会接踵而至。

"种瓜得瓜,种豆得豆"的规律,像数学一样精确。我们为战胜困难而付出多大的努力,就会从中获取多大的永恒力量。

生命生长的不可动摇的需求,要求我们要

尽最大的努力，去吸引那些与我们完美一致的东西。通过领悟自然法则并有意识地与之合作，我们才能获取最大程度的幸福。

只有在爱中诞生的思想，才能充满生命的活力。而爱是情感的产物。因此，情感应该受到智慧和理性的引导和控制。

爱赋予思想以生命力。爱使思想能够发芽生长。引力法则就是爱的法则，二者合二为一。引力法则为思想的成熟、结果带来必要的原料。

思想的最初形态就是语言，也就是话语，这决定着话语的重要性。思想经由语言彰显出来——话语承载思想，如木桶盛水一般。话语用声音的形式，把思想复述给他人。

思想导致各种行动，但无论是什么样的行为，都不过是思想试图在可见的形式下，寻求自身的表达而已。因此很显然，如果我们想要得到合意的情境，我们应当首先怀有合适的想法才对。

这就得出了一个无法回避的结论：如果我们希望生活富足，我们首先要想到富足的生活。而话语是思想的表现形式，我们的言谈也必须特别谨慎，应该只说建设性的和谐的话，而当这些最终成为客观现实的时候，对我们会大有益处。

我们不能回避自己的心灵不断拍摄到的画面，而运用语言的过程也就是图像拍摄的过程。当我们出言不慎，说一些与我们的福祉相违背的话语时，那种错误概念的影像也就被记录下来了。

我们的思想越清晰、品位越高，我们的生命彰显的也就越多。我们所运用的语言图像越是清晰明确，属于低级思想的错误概念渐渐地被摒弃，这时，我们生命的彰显也就会越来越轻松，越来越容易。

我们必须通过言辞表达思想，如果我们要运用更高层面的真理，那么我们说话的时候也要按照这个目标,审慎、智慧地选取得体的言辞。

这种以言语形式组织思想的神奇能力,是区分人与动物的重要界限。通过使用书面语言,人类可以回首过去的若干个世纪,回首那些令人激动的场面,看看自己如何得到了今日的一切。

通过文字,人类可以与历代最伟大的作家和思想家交谈,而我们今天拥有的这些文字,正是宇宙思想成形于人类心灵之中并寻求表达的综合记录。

我们知道,宇宙思想出于自己的目的而创造了形式,而人类思想也同样在寻求着自身的表达。我们也知道,语言是一种思想形式,一句话就是一个思想形式的综合体。因此,如果我们希望自己的理想是美好而强大的,我们就必须认识到,要炼净我们的语言,出言三思,因为理想之殿终是由言辞堆砌而成的,词句修筑的精练准确是一切文明至高无上的建筑形式,也是一切成功的通行证。

语言就是思想,因此也是一种无影无形、战无不胜的力量。它们被赋予怎样的形式,最终也会在客观存在中怎样实现。

言辞可以成为不朽的精神殿堂,也会成为经不住风吹的陋室。言辞能悦纳人耳目,能包罗一切的知识。从言辞中我们能够找寻到过往的历史,也看得到未来的希望。言辞是充满活力的信使,一切人类和超人类的行为都由此而生。

言辞的动人之处在于思想的美丽。言辞的力量在于思想的力量,而思想的力量在于思想的生命之中。我们如何识别什么是有生命力的思想呢?它有什么与众不同的特征呢?这其中一定有规律可循。我们如何认识其中的规律呢?

数学定理是存在的,但错误却没有运算法则。真话是有原则的,谎言可没准儿。健康是循规蹈矩的，疾病恰恰相反。光线有光线的法度，黑暗可不讲道理。富裕有富裕的准则，贫穷则无理可循。

我们如何知道这些道理是正确的呢？因为——如果我们正确地运用数学定理，我们就可以确知运算结果；凡是健康存在的地方，就没有任何疾病；如果我们知道什么是真理，我们就不会受到谬误的欺蒙；哪里有光，哪里就没有黑暗；哪里有富裕，哪里就没有贫穷。

这些都是不言自明的真理，但人们常常会忽略掉一个极其重要的事实——凡是有理可循的思想都是有生命的，因此它能够扎根、生长，最终必然会挤兑掉那些负面的想法，因为凡是谬误的思想都是没有生命力的。

这个事实可以帮助你摧毁一切的混乱、匮乏和局限。

毫无疑问，那些"有足够智慧去领悟的"

人①,将很快认识到:思想的创造力把一件所向无敌的武器放在了他的手上,让他成了命运的主人。

在自然界中,有一个守恒定律——"在任何地方出现了多少能量,则意味着在其他地方消失了多少能量",这让我们懂得有舍才能有得。如果我们决定做一件事情,我们就要做好为这个举动及其一切影响负责任的准备。潜意识是不具备推理能力的。它听从我们的吩咐,我们要了什么,就会收获什么。我们自己铺设了枕席,自己眠卧其中。我们自己制造了模具,我们自己构想了蓝图,潜意识会把我们构想的蓝图付诸实现。

因此,我们应该锻炼自己的洞察力,让自己的思想中没有物质的、精神的或是心灵的细菌来感染我们的生活。

---

① 语出《旧约·耶利米书》第9章,但我们这里没有引用通行译文。——译者注

洞察力是一种心灵的能力,凭借它,我们能从长远的角度考虑问题、观察形势。它是专属于人类的望远镜。洞察力能使我们在一切事情中认识困难,也把握机遇。

洞察力使我们做好了迎战障碍的准备。在这些障碍还没有化成足以阻挡我们的困难之前,我们就已经跨越了它们。

洞察力使我们权衡利弊,妥善规划。它把我们的思想和注意力引向正确的方向,让它们不至于堕入没有回报的歧途。

对于一切伟大成就而言,洞察力诚然不可或缺。而借助洞察力的帮助,我们能够进入、探索并占有一切精神局地。

洞察力是内在世界的产物,可以在"寂静"中通过集中意念的方式来开发你的洞察力。

> 你这周的作业是,集中关注"洞察力"。还在你的老位置上,集中精力思考这

样一个事实:认识到了思想的创造力并不意味着掌握了思维的艺术。让思想停留在这样的起点上:知识本身并不会运用自己。我们的行动并非取决于知识,而是取决于积习、流俗和先例。我们唯一可以让自己运用知识的方法是下定决心,有意识地努力。回想这样的事实:不用的知识会从大脑里溜走,信息的价值在于对原理的应用。沿着这条思想的路线走下去,直到你的洞察力足以使你针对自己的特定问题、运用这个原理制订出明确的方案。

所思维诚,至诚之心,可以济世;
所言维信,如彼良种,秋实累累;
所行维真,高洁贞贵,照澈众生。

——霍雷肖·博纳

要点问答

1. 是什么决定了我们所能达到的和谐程度?

从每次经历中攫取我们生长所需的养分的能力,决定了我们所能达到的和谐程度。

2. 困难和障碍说明了什么?

说明我们的智慧和精神的成长需要它们。

3. 如何避免这些困难?

这需要有意识地去理解、掌握并运用自然法则。

4. 思想在形式上彰显自身遵循什么原则?

遵循引力法则。

5. 思想的生长、发展、成熟需要那些原材料?

爱的法则是宇宙的创造性原理,它赋予思想以活力。引力法则借助生长规律提供思想成长的必需品。

6.如何获得令人满意的境况?

只能通过抱持令人满意的念头来获得令人满意的境况。

7.不理想的境况是如何发生的呢?

通过思想、谈论和观察一切匮乏、局限、疾患、混乱、嘈杂等情状。这种对于错误观念的精神摄影会被潜意识吸收,引力法则不可避免地在客观现实中成形。"种瓜得瓜、种豆得豆",从科学上讲是绝对准确的。

8.我们如何战胜各种形式的恐惧、匮乏、局限、贫穷和混乱?

只有用法则取代谬误。

9.我们如何认知法则?

我们应该有意识地认识这样的事实,即,真理总会战胜谬误。我们无须费力地铲除黑暗,我们只要开灯就行了。对一切负面的想法,也是如此。

10."领悟"的价值是什么?

是让我们明白知识的价值在于运用。许多人认为知识会运用自己,这种想法大错特错。

每个人面前都敞开着一条路,
高贵的灵魂攀爬高处的路,
低贱的灵魂摸索低处的路,
中间是迷雾缭绕的坦途,
剩下的人在其中徘徊、踟蹰
然而在每个人面前都敞开着路,
有的通往高处,
有的通向低谷,
每个人都有决定的权利
去选择自己的灵魂之旅。

第十六章　把你的理想视觉化

一切只有用心去营造。你有没有向自己描述过事物整体的图景？你是否做到了，或者能否做到闭上眼睛，就能看见轨道，看到火车在轨道上飞驰，听到汽笛呜呜的轰鸣声？如果你做到这一切，你就能非常有把握地做每一件事，那么，成功将为你的奋斗加冕。

地球的律动是有周期性规律的。但凡有生命的物质，都有诞生、成长、结果和衰亡的周期。这些周期由"七律"(Septimal Law)所统治。

"七律"管理着每周的七日，管理着月相以及声音、光、热、磁场、原子结构等的和谐。

它管理着个体生命和国家的兴亡,也统治着商业世界的种种活动。

生命在于成长,成长在于改变,每一个七年的循环,对我们而言意味着一个新的阶段。人生的第一个七年是幼年期,接下来的第二个七年是儿童期,儿童期意味着个体责任感的开端。下一个七年是青春期,在第四个七年将达到生命完全的成熟。第五个七年是建设期,在这个阶段人们开始获取财富、成就、住宅和家庭。从35岁到42岁的一个七年是反应和行动的阶段,这个阶段后是一个重组、调整和恢复的阶段,然后,从50岁起,就开始了人生下一个七七循环。

有很多人认为整个世界即将迈出第六个周期,进入第七个阶段,一个调整、重构与和谐的阶段,也就是通常所说的"千禧年"。

凡是熟悉这个循环圈的人,不会因为遇事不顺而沮丧,而是学会应用课程中阐述的原理,充分认知在一切法则之上还有一个最高的法则,并通过对于精神法则的理解和自觉的应用,把每一个表面上的困难转化为祝福。

财富是劳动的产物。资产是果,不是因;是仆人,不是主人;是手段,不是目的。

对于财富,最普遍的定义是这样的:财富包括一切具有交换价值、对人有用、令人愉悦的物品。财富的支配属性正在于它的交换价值。

财富给它的拥有者带来的不过是小小的快乐,它的真正价值体现在它的交换价值中,而不是在它的实用性上。

财富的交换价值在于它是一种媒介,它使我们能够在实现理想的过程中获得有真正价值的东西。

永远不要把财富看作一个终点,而应该把它看成一条达到终点的途径。决定一个人真正成功的，是要有比积聚财富更为高远的理想。凡是渴望成功的人，都应该树立一个让自己为之奋斗的理想。

当心中有了这样一个理想，你就能找到实现理想的途径和方法，但一定不能错把方法当成目的，错把途径当作终点。一定要有一个具体的、固定的目标，也就是理想。

普仁提斯·马福尔德 (Prentice Mulford) 曾说："成功的人也是那些有着最高的精神领悟的人，一切巨大的财富都来源于这种超然而又真实的精神能量"。但很不幸，有很多人不认识这种能量。他们可能不记得了——安德鲁·卡耐基全家刚刚来到美国时，他的母亲不得不去帮人做事来养活一家人；哈里曼的父亲是一个穷职员，年薪只有 200 美元；托马斯·利普顿勋爵从 25 美分起家。这些人没有什么财富权势可以指望，但这并没有成为阻挡他们成功的障碍。

创造力完全来自心灵的能量。它有三个步骤：理想化、视觉化、具体化。每个大企业的首脑全都是依靠这种能量。在《人人》杂志的一篇文章中，石油大亨、亿万富翁亨利·M.弗莱格勒道出了他自己成功的秘诀，那就是全面地看问题。以下这段与记者的对话表明了他是如何运用精神能量的——理想化、视觉化、集中意念：

"你有没有向自己描述过事物整体的图景？我是说，你是否做到了，或者能否做到闭上眼睛，就看见轨道，看到火车在轨道上飞驰，听到汽笛呜呜的轰鸣声？你是否做到这些了呢？""是的。""有多么清晰？""非常清晰。"

这里我们看到了法则。我们看到了"循环因果之理"。我们知道思想必然领先于行动并且决定着行动。如果我们有足够的智慧,我们就能认识到这样一个重要的事实:任何境遇自有其成因,任何经历都不过是一种结果。因果循环,和谐有序。

成功的商人常常也是理想主义者,他们不断地朝着越来越高的标准迈进。生活,正是一点一滴的思想在我们每日的心境中不断地结晶。

思想是一种可塑的原材料,我们可以用它构筑生命成长概念的图景。使用,决定着它的存在。不管你想要做成什么事情,对这件事情的认识和恰当运用都是必要条件。

来得太早的财富,不过是灾难和羞辱的开始。因为,如果我们不配得到,或者这些财富不是我们努力所得,那我们也无法永久占有这些财富。

我们在外在世界中的种种际遇,都可以在我们的内在世界找到对应的情状。这一点是由引力法则决定的。那么,我们该怎样决定应该让哪些事物进入我们的内在世界呢?

无论是通过感官还是通过客观意识,进入我们心灵的一切,都会在我们的心灵中打下印记,形成精神图景,而精神图景正是创造性能量的生产模式。这些经历大部分是外在环境、际遇和过往的思虑,甚至是其他负面思想的结果,因此在进入我们的心灵之前必须经过仔细的分析验证。另外,我们也可以自主地创造精神图景,通过我们内在的思维过程,而无须顾虑其他,诸如外部环境、种种际遇等等。通过运用这种力量,我们必将掌握自己的命运、身体、精神和心灵。

通过运用这种力量,我们可以把我们的命运紧紧地掌握在自己的手中,并且有意识地为自己创造出我们渴望得到的阅历,因为,如果我们有意识地实现某种境遇,这种境遇最终会在我们生活中发生。因此很显然,归根结底,思想是生命的原动力。

所以，把握思想就是把握环境、际遇，就是创造条件、掌握命运。

我们如何能够控制思想呢？过程是什么呢？思维就是创造思想，但是思想的结果取决于它的形态、性质和生命力。

思想的形态取决于产生这种思想的精神图景；精神图景取决于心灵印记的深度、观念的决定性优势、视觉化的清晰度以及这幅图景的胆识与魄力。

思想的性质取决于它的组成部分，也就是心灵的成分。如果心灵的成分是勇气、胆识、力量、意志，那么它所编织的思想也是如此。

最后，思想的生命力取决于思想孕育时刻的感受。如果思想是建设性的，就必将充满活力、充满生命，它能够生长、发展、壮大，它具有创造性；它会为自己的全部成长汲取所需的一切。

如果思想是破坏性的，那么它自身就含有

使自己分化瓦解的毒菌。这个思想将会消亡，但在这消亡的过程中，它会给我们带来疾病、患难以及其他形式的不和谐。

这就是我们所称为"恶"的东西，当我们自己招致这种"恶"的时候，有些人倾向于把这一切的困厄都归因于超自然的神灵，但这所谓的超自然的神灵不过是处于平衡状态的"心智"而已。

它既不好，也不坏，它只是存在而已。

我们把它分化为形态的能力，就是我们彰显"善"和"恶"的能力。

因此，"善"和"恶"都不是实体，它们不过是用来描述我们行动结果的词语而已，而我们的行动又受到我们思想性质的决定。

如果我们的思想是建设性的、和谐的，我们就彰显"善"；反之，如果我们的思想是破坏性的、不和谐的，我们就彰显"恶"。

如果我们想要显现一个完全不同的环境，

这个过程只不过就是：在心中抱持一个理想，直到你心中的幻影变得清晰起来。不要去想人、地、事，这些东西都不是绝对的。你渴望的境遇本身蕴含着一切所需，合适的人和合适的事，自会在合适的时间和合适的地点出现。

有时候我们可能说不清视觉化的力量是如何控制我们的环境、命运、性格、能力和成就的，但这绝对是科学的事实。

你很快就能看到，我们的思想决定着我们的心灵状态，而反过来我们的精神状态又决定着我们的能力和心智能量。接下来你会懂得，我们能力的提高，自然会带给我们各种成就和收获，也使我们能更好地控制我们的环境。

因此可以看出，自然法则的运行是完美、和谐的，一切看起来"不过是发生了"而已。如果你需要证据，那么就回想一下你自己生命中的种种奋斗努力吧，当你的行动朝着一个高尚的方向努力的时候是怎样，当你怀着自私自利的动机之时又如何？你还需要更多的证据吗？如果你希望实现你的梦想，那么，在你的心灵中绘制一幅成功的画面吧，有意识地视觉化你的愿望。这样，你将推动着成功的步伐，你将通过科学的手段实现它。

我们只能看到客观世界中的存在，却不能看到精神世界中已然存在的视觉化的图景，而这图景却正是一个重要的标志，预示着将要在我们的客观世界中出现的事物——如果我们忠实于我们的理想图景的话。原因非常简单，视觉化的图景是一种想象的形式。这种思维的过程形成了心灵中的印记，这些印记又形成了观念和理想，这些观念和理想形成了计划——伟大的建筑师正是通过这些计划筑造我们的未来。

心理学家已经得出结论：只有一种官能，就是感受的官能，其他官能都是感受的变体。确定了这一点，我们就知道为什么感受是一切能量的源泉，为什么情感可以轻易战胜理智，为什么我们的思想中不能没有感受的存在——如果我们希望得到什么结果的话。思想和感受是密不可分的整体。

当然,视觉化必须受到意愿的引导。我们能够在心灵中视觉化的也正是我们想要得到的。我们绝对不能任由想象力毫无节制地放纵。想象力是一个好的仆人,但却是一个糟糕的主人,除非受到很好的控制,否则它就会使我们陷入五花八门的空想和各种不切实际的结论中。如果不加以分析检验,我们的心灵就很容易接受各种似是而非的主意,结果就是导致精神的混乱。

因此,我们必须构筑并且只能构筑一种科学性的正确的精神图景。任何的理念都要经过透彻的分析,把一切并非科学准确的东西一概加以摒弃。如果你这样去做,你就不会浪费精力在一些无谓的事情上,而是非常有把握地做每一件事,成功将为你的奋斗加冕。这就是商人所说的"远见卓识",这与洞察力基本相似,是一切事业获取成功的奥秘之一。

你这周的作业是,让自己认识到这样一个重要的问题:和谐和幸福是一种精神状态,并不取决于物质的占有。一切只有用心去营造,收获的结果取决于良好的心态。因此,如果我们想要获得物质上的所有,我们首先应该关注,如何保持能够给我们带来理想结果的良好心态。要想拥有这种心态,需要我们认知精神本质,并领悟到我们与宇宙精神的合一。这种领悟能够为我们带来可以使我们获得满足的一切。这是一种科学的、正确的思维方式。当我们成功地达到了这种精神状态,那么一切愿望的实现就如已经发生的事实一般,相对容易得多了。当我们做到这些,就会发现

"真理"使我们得以"自由",使我们免于一切匮乏和局限的缠累。

一个人可以构想一颗星,放飞它,让它在轨道上运行。然而在上帝面前,他远远不如那个放飞一个金色的思想之星,并让它在历史轨道中运行的人更伟大。

——H.W. 比彻

要点问答

1. 获取财富的基础是什么?

基础是通过对思想的创造性本质的理解。

2. 财富真正的价值何在?

在于财富的交换价值。

3. 成功取决于什么?

取决于精神力量。

4. 精神力量取决于什么?

取决于运用。运用决定了它的存在。

5. 我们如何在一切变幻中把握我们的命运?

如果我们希望生活之中出现怎样的情境,我们就要有意识地实现它。

6. 生命中最重要的一件事是什么?

最重要的一件事是思想。

7. 为什么这样呢?

因为思想是精神活动,因此是具有创造力的。有意识地控制思想即意味着控制了环境、条件、境况,把握了命运。

8. 一切邪恶之源在于何处?

在于破坏性的思想。

9. 一切真善美的源头在于何处?

在于科学的正确的思想。

10. 什么是科学的思想?

是要认识精神能量的创造性本质,以及我们控制它的能力。

第十七章 有渴望,才有希望

求知的渴望是不可抗拒的磁力,它能吸引住知识上智慧,并让它们为你所用。渴望越是热切持久,你得到的发现就越是明白无误。这使你得以与世间的一切力量相抗衡。

一个人自觉或不自觉地崇拜哪种"神",反映出了这个人的心智状况。

问一个印度人什么是神,他会向你描述一位显赫部落的神武酋长。问一个异教徒什么是神,他会告诉你火君、河伯、这神、那神以及诸如此类。

问一个以色列人什么是神,要么也会告诉

你摩西的神,摩西认为宣布诫命的上帝有利于强化统治,因此,摩西的神就是"十诫";要么他会告诉你约书亚的神,这位神带领以色列人攻城略地、屠杀俘虏、抢夺财产,把所到之处夷为平地。

所谓"蛮族"的人们为自己的神"雕刻偶像",然后向它屈身跪拜,对于他们中少数有智慧的人来说,他们不过是把这些偶像当作一个精神支点,一个可视化的外在形象,用来寄托自己的灵魂。

我们21世纪的人,尊崇那位"爱的上帝"。理论上是如此,然而实际上我们为自己雕刻了"财富""权力""时尚""习俗""传统"等偶像。我们"拜倒"在它们面前,崇拜它们。我们把全部意念集中在它们身上,而它们也因此在我们的生命中得以具体化。

学会了第十七章的读者将不会错把表象当

成现实,你将关注一切的"因",而不会只在乎"果"。你将关注生活的现状,因此,结果绝对不会令你失望。

我们知道,人类可以"支配万物"。这种支配权是建立在精神基础上的。思想是一种活动,它掌管着其属下的一切行为模式。最高级的行为模式在本质和属性上都处于更高的地位,因此必然决定着一切环境、面貌以及与它联系的万事万物。

精神力量的振动是最纯粹的,因而也是现有力量中最强大的。对于那些认识到了精神力量的特性和超越性的人来说,一切物质力量都不足挂齿。

我们习惯于透过五官的镜头去看待宇宙,我们的人和神的观念也正是源于这些经验,但真正的观念只有通过精神洞察力才能获得。这种洞察力需要有精神振动的加速,并且只有朝一个固定的方向全力、持久地集中精神意念,才能够获得这种洞察力。

持续的意念集中意味着思想不间断地、平衡连贯地流动,需要在一个持久、有序、稳固、坚韧的体系下才能完成。

伟大的发现都是持久观察的结果。学习数学科学需要成年累月精神集中,并要掌握其中的原理。而研究精神科学——一门最伟大的科学——也只有通过集中意念才能揭示其中的奥秘。

集中意念经常受到误解。似乎有一种看法,认为集中意念需要的是努力去做什么,但事实正好相反。一个好的演员能取得成功的关键是他能在扮演角色的过程中忘却自己的身份,而让自己与所扮演的角色完全等同起来,并用真实的表演来打动观众的心。这很好地说明了什么是意念的集中。你应该完全沉浸在你的思想中,沉迷于你所关注的主题,以至于忘却其他一切不相关的事情。如此集中意念会引发直觉的感知，以及直接的洞察力，让你能看透你所关注的客体的本质。

一切知识都是这样集中意念的结果。就这样，我们得知了天堂和世界的奥秘；就这样，你的心灵成为一块磁石，你求知的渴望就是不可抗拒的磁力，吸引住知识和智慧，并让它们为你所用。

渴望，大多是潜意识的。有意识的渴望很少能够在客观世界中实现，除非这个愿望是唾手可得的。潜意识的渴望能够激发心灵的能力，使困难的问题自动解决。

意念的集中能够激发潜意识的理念，并引导它行动的方向，驱使它实现我们的意图。集中意念的实践，包括对物质、精神和身体的控制。一切意识模式，不管是物质的、精神的还是身体的，都必须在你的把握之中。因此，控制因素在于精神原则，精神原则能够使你摆脱有限的成就，使你能够达到把思维模式转化为性格和意识的境界。

集中意念不是指考虑某些想法，而是指把这些想法转变为实用价值。凡夫俗子不知道集中意念的真正概念是什么。总是有人叫着说"我要什么"，却从没有听到有人说"我是什么"。他们不明白这两者是相辅相成、密不可分的；他们不懂得，在拥有"分外之物"之前，他们必须有可以容纳这些"分外之物"的"领地"。仅凭一时的热情没有任何价值，想要实现目标，必须有极大的自信才成。

精神可能会把理想定得过高，却发现心有余而力不足。心灵可能想要展翅翱翔，很可能还没有等它高飞，就跌落在平地。但是这一切，都不能成为我们不再进行下一次尝试的理由。

软弱是精神成就的唯一障碍。你的软弱可能是出于肉体的局限或是精神的不确定状态，重新尝试一下吧。不断地重复终会让你获得游刃有余的完美感觉。

天文学家把注意力集中在星体之中,发现了天体的奥秘;地质学家把注意力集中在地下底层的构造上,我们就有了地质学;一切事物都是如此。非常明显,正因为人们把精力集中在生活问题上,我们才有了今日庞大而复杂的社会结构。

一切精神发现和精神成就都是热切的渴望加上意念的集中所致。渴望是一种最为强大的行为模式。渴望越是热切持久,得到的发现就越是明白无误。渴望,加上意念的集中,有助于我们与自然界的一切秘密较劲。

在实现伟大思想的过程中,在经历与这些伟大思想相吻合的伟大情感的过程中,心灵处于这样一种状态:它能够欣赏更高事物的价值。

在一段时间内高度集中意念,加上对实现与获取的长久渴望,可能会比成年累月被动、缓慢、常规的努力更加有效。它能打开疑惑、软弱、无力、自卑的镣铐,让你品尝到征服的乐趣。

坚持不懈的精神努力,有助于开发你的独创性和进取精神。商业课程非常重视意念的集中,鼓励性格中果断的一面。商业活动开发实践中的洞察力,以及迅速做出结论的能力。每一宗商业活动,其中的精神因素都是占主导地位,渴望是一种先决性的力量。一切商业关系都是理想的客观化。

商业行为中可以培养很多坚定的、重要的美德。心灵在商业活动中稳固、定向地成长,精神活动的效率不断增强。最重要的是心灵的成长,这使得精神不会受到无缘无故的干扰和本能冲动的左右。心灵的成长是自我从低层向高层迈进过程中的胜利。

我们都相当于发电机,但发电机本身什么也不是。只有心灵才能使它运转,使它产生效力,使它产生的能量明确有效地集中。心灵是引擎，它的能量为前人所不敢想象。思想是全能的力量。它是一切形态的创造者，一切外部事件的统治者。和思想的全能力量相比，物质力量简直微不足道，因为思想是人用来支配一切自然的力量。

振动，是思想的行动。思想通过振动的方式触摸并汲取到建筑和构造所需的物质材料。思想的力量没有任何神秘可言，集中意念只不过是意识的聚焦达到了与关注对象合二为一的程度而已。正如身体维持生命需要摄入食物一样，精神也需要摄入它所关注的客体，使它获得生命与存在的本质。

如果你把意念集中在一些重要的事情上面，直觉的力量就开始运作了，它会帮助你获得引导你走向成功的信息。

直觉不需要凭借经验或是记忆就可以获得答案。利用直觉来解决问题通常超越了理性能力的范畴。直觉常常不期而至，令你惊喜万分。

直觉往往会出其不意地直接击中我们寻求了许久的真理，让人感觉它似乎是来自更高层次的力量。直觉可以培养、可以开发。为了培养直觉，有必要认识它、欣赏它。如果直觉做客你家，你要给予它一个皇室的接待礼仪，这样它还会再次光临。你的接待越是热忱，它的光临就越是频繁。但如果你对它不理不睬或视而不见，它的拜访就会越来越少，与你渐行渐远。

直觉通常在"寂静"中获得。伟大的心灵常常喜欢独处。正是在静默和独处中，许多生命的重大问题得以解决。因此，凡是有能力的商业人士一般都有一间单独的办公室，在这里他不会受到外界的干扰。如果你没有这个条件，你至少可以找到一个可以让你每天独处几分钟的所在，在那里训练你的思维，使你能够开发自己的能力，一种非常有必要获得的、让你战无不胜的能力。

记住，从根本上说，潜意识是无所不能的。

当赋予潜意识以行动的力量时，它所能做的事情是没有止境的。你取得何种程度的成就取决于你的愿望的本质。如果你的愿望与自然法则或宇宙精神和谐一致，潜意识就会解放你的心灵，赋予你战无不胜的勇气。

你获得的每一次胜利，你跨越的每一个障碍，都会使你对自己的力量充满更大的自信，这样，你就会有更大的力量去赢得更多的胜利。你的勇气取决于你的精神状态，如果你表现出成功自信的精神状态，并充满了不屈不挠的信念，你就会从肉眼看不见的领域中汲取到无声的需求。只要对你心灵中的想法始终不渝，它就会逐渐在客观世界中成形。明确的目标，本身就是一个动因，它在不可见的世界中为你寻找到实现目标所需的一切材料。

你正在追求的，可能是力量的符号，而不是力量本身。你可能在追求名声，而不是荣誉；你可能在追求富贵，而不是财富；你可能在追求地位，而不是支配权。在这些情况下，等你刚刚追上它们的时候，你就会发现，这些都不过是过眼烟云而已。

来得太早的财富或地位必不能持久，因为它不是你辛苦挣来的。我们有舍才能有得，而那些不想付出、只想收获的人往往会发现：循环相报的法则无情运行，付出与回报保持着精确的平衡。

金钱以及其他一些纯粹的力量符号，往往是人们竞相追逐的对象，但如果认识到了真正的力量之源的话，我们就可以不理睬这些符号了。一个拥有巨额支票的人会发现，口袋里沉甸甸地装满黄金纯属多余之举。同样，寻找到了真正的力量之源的人，也不再对力量的伪饰或赝品感兴趣了。

思想常常会带来外在世界的变革，但是如果把思想的矛头对准内在的世界，思想就会把握一切事物的基本准则，就能领略万事万物的核心和精神。如果你能把握万物的本质，你就可以比较容易地领会它们，使它们听命于你。

这是因为，事物的精神本质就是事物本身，是它的核心部分，是它的真实存在。外部形态不过是内在精神的外在显现而已。

> 你本周的练习是，尽可能准确地按照本章中所说的方法，集中心神意念，不要有意识地为实现目标努力去做什么。完全放松下来，不要对结果忧心忡忡。记住，力量来自放松。对关注的目标凝神思考，直到你的意念完全与它合二为一，直到你再也意识不到别的东西存在。

如果你希望消除恐惧，那么就把意念集中在勇气上。

如果你希望消除匮乏，那么就把意念集中在富足上。

如果你想要消除疾病,那么就把意念集中在健康上。

永远把意念集中在你的目标上,把没有实现的目标当作既成事实。这是一颗生殖细胞,是引发"因"的生命法则,而正是这些"因",诱导、指引并建立起必要的关联,从而在物质形态上实现你的目标。

能够拥有思想的人,思想就是他的财富。

——爱默生

要点问答

1. 集中意念的正确方法是什么?

方法是明确你思想关注的对象,然后摒除一切与此无关的事物。

2. 这样集中意念的结果是什么?

这样做可以触发看不见的力量,因而带来与你的思想相吻合的境遇的改变。

3. 这种思维方式的决定性因素是什么?

决定性因素是精神原理。

4. 为什么是这样呢?

因为我们欲求的本质必须与自然法则相和谐。

5. 这种集中意念的实际价值何在?

思想转化为品格,而品格是一块可以创造个体环境的磁石。

6. 在一切商业活动中,决定性因素是什么?

决定性因素是精神因素。

7. 为什么是这样呢？

因为心智是一切形态以及在形态中发生的一切事件的创造者和统治者。

8. 所谓的集中意念是如何运行的呢？

通过发展感知能力、提升智慧、直觉和敏锐度。

9. 为什么直觉高于推理？

因为直觉不依赖于经验或记忆，而往往是通过一些我们一无所知的方式方法来解决问题。

10. 追求本体的符号象征，其结果是什么？

等他们追上的时候，通常会发现这些不过是过眼烟云，因为符号象征只是内在精神活动的外在形态。因此，除非我们能拥有精神上的本体，否则，外在形态终归要化为乌有。

第十八章 引力法则——左右生活的终极力量

"种瓜得瓜,种豆得豆"。你所播种的,便是你将收获的。无论你如何梦想,只有播下种子,才能结出果实。而结什么样的果实,则取决于种子的性质。消极的思想,只能收获无望的结果;积极的思想,便可得到希望的未来。

为了生存我们必须获取生存资料。这一点是由引力法则决定的。正是这一法则,使个体与宇宙区分开来。

想一下,如果一个男人既不是丈夫,也不是父兄,如果他既不关心社会经济,也不关心政治或宗教,那么他就不过是一个抽象的理论上的自我,除此之外,他一无所是。因此,一个人的存在,在于他和整体的关系,在于他和其他人的关联,在于他和社会的联系。这种联系构成了他的环境,而不可能是通过其他方式。

因此很显然,个体不过是宇宙精神的分化,这种宇宙精神,将"照亮一切生在世上的人。"[1] 而宇宙所谓的个体化或人格化不过就是个体和整体的关联的方式。

这种关联的方式,我们称其为环境,这种环境是由引力法则主导的。第十八章,也就是接下来的部分,将探讨这一重要的原理。

世界的思想观念总是在不断变化。这种变化如今也正在我们身边静悄悄地发生,成为自

---

① 语出《新约·约翰福音》第1章第1节。——译者注

异教衰亡以来这个世界所经历的最为重大的思想变革。

当今发生的这场革命,正改变着不同肤色、不同族群人的观念,从最上层、最有教养的人群,到最底层的劳动阶级,这在人类历史上是空前的。

如今,科学发现浩如烟海,揭示出无尽的资源、无数种可能,展现出那么多不为人知的力量。科学家们越来越难于肯定某种理论,称之为定规定法、不容置疑;同样,也极难彻底否定某些理论,称之为荒谬不经、绝无可能。

一个新的文明就这样诞生了。习俗、教条、残暴皆正在成为过去,取而代之的是眼界、信念与服务。人类逐步从传统的羁绊中解脱出来,唯物论的渣滓渐次炼净,思想获得了解放,真理以它的全貌出现在惊讶不已的人群面前。

整个世界正处于觉醒的前夜,将迎来焕然一新的力量和意识,这是一种来自我们内心的全新力量,是对我们内心的全新认识。

物理科学已经把物质分解为分子,把分子分解为原子,把原子分解为量子,在安布罗斯·佛莱明爵士看来(这在他给英国皇家学院的上书中提到),剩下的事情就是要把能量分解为精神。他说:"能量,就其终极本质而言,只有当它表现为我们所说的'精神'或'意志'的直接运转时,方可被我们所理解。"

这种精神是居住在我们内心的终极能量。它存在于物质也存在于心灵。它就是维持一切、使生命能量充满一切、无处不在的宇宙能量。

一切生命个体都靠着这种全能的智慧而生存,我们发现,人类个体生命的差异,大多数是由他们在何种程度上能够体现出这种全能的宇宙智慧来决定的。正是这种智慧,使动物比植物高一个等级,使人比动物又高一个等级,我们知道,这种逐层递增的智慧在人类身上,表现为人类个体控制自己的行为模式,以及按照环境调适自身的能力。

所有伟大的心灵都注重这种调适的过程,而所谓的调适也无非对于宇宙精神现存秩序的认知。人们都知道,我们只有首先遵从宇宙精神,宇宙精神才会听命于我们的吩咐。

对自然法则的认知使我们能够跨越时空的距离,使我们能够在高天之上翱翔,也能让钢筋铁骨在水面上漂浮。智慧的程度越高,我们越是能够理解这些自然法则,就能拥有更高更强的能力。

正是因为人类能够认识到,人类自我是宇宙智慧的个体形式,因此,人类就能够控制那些没有达到这种自我认知程度的个体。他们还不知道宇宙精神无处不在,并随时做好行动的准备;他们还不知道宇宙精神能够对一切需求做出回应,因为宇宙精神本身也遵从着自身存在的规律。

思想是具有能动性的,这一法则建立在合

理可靠的基础上,借着万物的内在本质就可以认识到。然而这种创造力并非源自于人类个体之中,而是来源于宇宙。宇宙是一切能量与物质的源泉,而个体不过是宇宙能量分流的渠道而已。

宇宙通过个体,创造种种不同的组合,因此就有了种种现象的发生,这些都遵从振动原理。所谓的振动原理,就是指本原物质的运动频率各不相同,它所创造出来的新的物质在振动频率上与原来的物质保持严格一致。

思想是一种看不见的联结,它使个体与宇宙、有限与无限、有形与无形的领域联系在一起。人类能够思考、感觉、行动、获得知识,这些都是思想的魔力。

凭借着合适的器械,肉眼可以探索几百万英里以外的世界;同样,人类借助恰当的领悟,就能够与宇宙精神建立起联系,而宇宙精神正是一切力量的源泉。

仅有理解是不够的。认识的过程就好比一个内部没有录像带的录像机。所谓的领悟不过是一个信念而已,除此之外什么也不是。食人族也有他们的信念,但那种信念又有什么用呢?

唯一对人有价值的信念,就是能够被实践检验证明的信念。经过验证后的信念就不再仅仅是信念而已,它转化成为有生命的信仰和真理。

这个真理已经经过了成千上万人的检验,只需要通过合适的方法手段加以运用。

人类要想定位数亿英里以外的星球,没有足够倍数的望远镜是万万做不到的。因此,科学也在不断发展,更大、更清晰的望远镜被研制出来,人类因此更多地了解了天体的知识,不断收获得巨大的回报。

人类对精神世界的领悟也是这样。人们在与宇宙精神及其无限可能相联系的方法手段上,也在不断获得巨大的进步。

宇宙精神通过引力法则在客观世界中彰显。每个原子对其他的原子都产生了无穷大的引力。

万物正是通过这种吸引、结合的法则相互联系在一起。这个原理是有普遍意义的,也是一切现有结果赖以产生的唯一途径。

生长力通过宇宙原理得到表达,这种表达最为美丽壮观。

为了生长,我们必须获得生长所需的必需品,但我们在任何时候都是一个完整、完美的实体,这决定着我们只有在付出之后,才能接纳。因此,成长是建立在互惠行为的条件上。我们知道,在精神层面上,同类事物相互吸引,而精神的振动只对那些与它们保持和谐一致的振动做出回应。

所以,很显然,富足的想法只对那些类似的意念产生回应。人的财富与他的内在一致。内在的富足是外在富足的秘密,它吸引着外在财富来到你身边。人类真正的财富资源在于他的生产能力。因此,一个人如果在他所着手进行的工作中投入全部的身心,那么他的成功是没有止境的。他会不断地付出、给予;他付出得越多,收获得也就越多。

看看那些华尔街的金融大亨们,看看那些产业领袖、大律师、政治家、发明家、作家、医生——他们除了自己的思想,还有什么可以贡献出来增进人类的福祉呢?

思想是借助引力法则运行的一种能量,它的最终体现是客观世界的丰裕富足。

宇宙精神是保持平衡状态的静态精神或物质。我们的思考能力使宇宙精神在形式上分化。思想是精神的动态阶段。

力量取决于对力量的认识。而如果我们不去运用力量,我们就会失去力量。而如果我们不认识力量,又如何去运用它呢?

对精神力量的运用,取决于意念的集中。意念集中的程度决定着我们获取知识的能力,而知识不过是力量的代名词。

意念的集中是一切天才的特质。这一能力的培养是建立在练习、实践的基础上。

注意力集中的动机是兴趣,兴趣越高,注意力越是集中;而注意力越是集中,兴趣就越大,这是作用和反作用的结果。让我们从注意力的集中开始做起。这样,不久就会激发起你的兴趣,而兴趣的产生会引起你更多的注意,这种注意力会引起你更多的兴趣,如此不断地循环往复。这种实践练习,能够培养你集中注意力的能力。

这一周,请你把注意力放在自己的创造力上。探索你身上的洞察力和感知能力;为你心中的信仰找到逻辑基础。让思想停留在这样一个事实上:个人肉体的生存和行动,需要靠吸入有机的空气来维持,必须呼吸,才能活着。接下来,让思想停留在这样一个事实上：人的精神的生存和行动也是如此，需要吸收一种更为微妙的能量，才能延续下来。在自然界中，如果没有播种，就没有生命长成；结出的果实绝对不会比生长它的植物本身高一个等级。同样，在精神世界中也是如此，只有播下种子，才能结出果实。而结什么样的果实，则取决于种子的性质。所以，你一切的境遇都取决于你对这种因果循环法则的领悟，这种领悟是人类意识的最高境界。

我的心灵中没有停滞的思想，一切想法都迅速转化为能量，成为种种实现意图的方式和手段。

——爱默生

要点问答

1. 个体生命之中的差异如何衡量?

通过衡量他们生命中所彰显的才智。

2. 个体通过服从什么法则,才得以掌控其他形式的种种才智?

通过认知自我是宇宙智慧的个体化。

3. 创造力的来源是什么?

来源是宇宙。

4. 宇宙如何创造外在形式?

通过个体。

5. 个体和宇宙之间的联系是什么?

它们的联系是思想。

6. 实现生存方式的原理是什么?

是爱的法则。

7. 这种法则是如何表现出来的呢?

它是通过生长法则表现的。

8. 生长法则取决于什么条件?

它取决于互惠行为。个体无论何时都称得上是完整的,这决定着我们付出的是什么,收获的也是什么。

9. 我们付出的是什么呢?

付出的是思想。

10. 我们获取的又是什么?

还是思想。思想遵循守恒定律,我们所思所想变化万千,因此思想的表现形式也不尽相同。

第十九章　有知才能无畏

一个人不应该成为运气的玩偶,而应是命运的宠儿。而做到这一点的唯一前提就是拥有知识。当你认识了越来越多的真理,未来便会在你面前铺出光明之路。

恐惧是思想的一种强有力的形式。它能够麻痹神经中枢,影响血液的循环,而这些反过来又会影响肌肉系统。因此,恐惧影响着整个生命存在,身体、大脑和神经,这些影响包括身体的、精神的和肌肉的。

当然,战胜恐惧的方式是对于力量的认识。被我们称作"力量"的这种神秘的生命力到底是什么呢？我们不知道。尽管一般人同样不知道电是何物，但是我们却知道如果遵循电的法则，电就会成为我们听话的仆人。电能照亮我们的家庭、我们的城市，使机器发动起来，并在许多事情上为我们服务。

所以，生命力也是如此。尽管我们不知道它是什么，可能永远也不会知道，但我们却知道这是一种运行在生命体中的主要力量，只要遵循这种力量的法则和原理，我们就足以让这种生命的能量如滔滔江水般涌入自己的胸怀，从而最大可能地释放精神、道德和心灵的功效。

这一章阐述了一种非常简单的方法，来提升这种生命潜能。如果你把本课的信息付诸实践，你将很快找寻到力量感，而这些，正是天才拥有的特质。

人们对于真理的探索不再是盲目的探险，而是系统化的进程，是合乎逻辑的运作。一切经验在成形以前都能得到指引。

探索真理的过程，也就是探索终极动因的过程。我们知道，人类每一次经历都是一个结果，如果我们能够把原因确定下来，如果我们能够有意识地控制它们的成因，那么，我们的一切经历、一切境遇不是都在我们自己的掌握之中了吗？

那么，人生的经历将不再是一场命运的球赛。一个人不应该成为运气的玩偶，而应是命运的宠儿。我们应该像船长控制他的船舰，像火车司机驾驶火车一样，牢牢地掌握运气和机遇。

万事万物都可以归结到一个共同的成分中，因此，一切事物之间既有千丝万缕的联系,又都可以相互转化,而并不是站在彼此的对立面上。

物质世界中有着数不清的对立面,为了方便称呼起见,这些对立面被赋予不同的名字。一切事物都有颜色、形状、大小、两端。有北极,也有南极;有内,也有外;有肉眼能够看到的,也有看不到的。所有这些,都不过是对这些对立面的一种表达方式而已。

一件事物的两个不同的方面有它们各自的名称。然而,这正反两面是相互关联的,它们不是独立的实体,而是事物整体的两个部分或两个方面。

精神世界的法则也是一样。我们说到"知识"和"无知",但无知不过就是知识的匮乏,因而不过是表达"缺少知识"的一个词,而它本身并没有任何法则。

在道德世界中,我们也发现了同样的规律。我们谈论"善"与"恶",然而,"善"是有意义的,是可以触摸感知的,而"恶"不过是一种反面的状态,是"善"的缺席。尽管有时候"恶"也是一种非常真实的存在,但它没有法则可循,没有生命,没有活力。我们知道这是因为它总是被"善"所摧毁。恰如真理摧毁谬误、光明赶走黑暗一样,当"善"出现的时候,"恶"就会消失。因此在道德世界中只有一个法则,就是善的法则。

我们在心灵世界中也可以发现同样的道理。我们说到"物质"和"精神",好像物质和精神是独立的两个实体,但是很明显,精神世界中也只有一个法则,就是精神的法则。

精神是真实的、永恒存在的。物质虽然在不断的变化,但在无限的时间长河中,千年和一日没有什么区别。如果我们站在一个大都市中,让目光停留在数不清的宏伟建筑物上,看霓虹闪烁,看车水马龙,包括蜂窝式移动电话在内的数不胜数的现代物质文明,都不是一个世纪之前的人所能想象得到的。如果我们能够在一百年后站在今天所站立的位置上,就会发现今日所拥有的一切也已经消失得无影无踪。

在动物王国中,我们可以发现,变化的法则全无二致。成千上亿的动物来了又去,它们的生命跨度,不过短短的几年。在植物世界中,就更是瞬息万变了。有多少植物来了又去,差不多全部的草本植物都只有一年的生命。或许,在无机物的世界中,我们期待着可以找到更真实永久的存在,但是,无奈地看到的是沧海桑田,看起来稳固的陆地曾经有大海的波涛汹涌;矗立的高山曾经是一片平湖;当我们站在约塞米蒂国家公园的大峡谷前面,看着冰川曾经吞吐一切的斑斑履痕,不由得肃然起敬。

处于瞬息万变之中的我们,知道这一切不过是宇宙精神的演变过程,万事万物都在这个过程中不断地更新。我们知道物质不过是精神借用的一种形式,一个条件。物质本身没有原理可言，唯一的原理就是精神法则。

那么，我们就应该知道，精神法则是运行于物质、精神、道德和心灵世界中的唯一法则。

我们同样知道，精神是静态的，处于静止状态。我们知道人类个体的思考能力也就是他作用于宇宙精神并使宇宙精神转化为动态心智的能力。所谓的动态心智，就是指精神的运动状态。

为了做到这些，就必须要有充足的动力燃料，食物是这些燃料的物质形式。一个人如果不吃东西，当然也就无法思考。这让我们知道，精神的行为——比如思维过程，如果不借助物质的手段，也就不可能转化为快乐和福祉的泉源。

如果要把电力转化为动态能量，首先需要一定的能量创造出电力。如果要使植物茁壮生长，就需要阳光给它必要的能量。同样，如果人要思考，要让宇宙精神发挥作用，没有食物提供能量是不行的。

你已经知道，思想不断地、永恒地在客

观世界中成形，它永远在寻求表达，或许，你还没意识到这一点，但你不能忽视这样的事实——如果你的思想是积极的、强大的、建设性的，这将在你的健康状态、事业水平以及生活境遇中体现出来；如果你的思想总体状态是负面的、软弱的、破坏性的、濒临毁灭的，它也同样会在你身上体现出来，带给你恐惧、忧虑、紧张的情绪，表现在你的捉襟见肘、生活困顿以及不和谐的外部环境上。

一切财富都是力量的产物。财产只有当它赋予力量的时候才具有价值。事件只有当它们影响力量的时候才有意义。世间万物，都表现为一定形态和一定程度的力量。

因果循环的道理在蒸汽、电力、化学力、重力原理中都有所体现，它让人能够大胆无畏地制订并执行计划。统治自然界的原理被称为自然法则，但并不是所有的能量都是自然物质的能量，精神能量同样存在，也就是心灵或心理的力量。

我们的中小学以及大专院校，都不过是精神能量的发电站，它们是用来开发人的心灵潜力的地方，除此之外，还有什么其他价值吗？

为了让那些沉重而庞大的机器能够运转，有很多发电厂为它们提供能量，人们发掘到很多原材料，这些材料在那里被转化成人类日常所需并给人类带来舒适的生活。同样，精神发电厂也需要找一些原材料，并且加以开发培育，以便使它们转化成远远高于一切自然力的力量，尽管这些自然力十分神奇，但是精神力量岂不是更加伟大吗？

对于全世界成千上万个精神发电厂来说，他们要找的原材料是什么呢？是什么材质最终转化成为能够控制其他一切能量的力量呢？这种原材料的静态形式，就是精神，而它的动态形式，则是思想。

这种能量超乎一切，因为它存在于一个更

高的层面上,因为它使人类得以发现那些自然界的法则,从而让人类能够驱使、利用伟大神奇的自然力,取代成千上万人的辛苦劳作。人类因此能够跨越时空的距离,战胜重力原理。

思想是一种正在发展中的、有生命的力量或能量。在上半个世纪以来,思想创造了无数让50年甚至是25年前的人绝对无法想象的奇迹。如果凭借50年内所组建的这些精神发电站就得到了这样的结果,那么50年后,还有什么是不可期望的呢?

万物产生的本原是无限广大的。我们知道光以每秒30万公里的速度传播,有些星球上的光线经过两千多年才到达地球,而这种星球在宇宙中到处都是。我们也知道光以光波的形式传播,如果光线传播的以太(能媒)是不连续的,那么光线也无法穿越那样长的距离来到我们这里;现在,我们就能够得出这样的结论,这种物质——或者说物质产生的本原,也就是以太(能媒)——是普遍存在的。①

那么,它在形式上是如何体现的呢?在电学中,把电池的相反两极连接起来,就形成了电路,其中有电流通过,就产生了能量。在任何两极都有类似的情况出现,又因为一切事物的外在形态都取决于它振动的频率,也就是其中的原子同其他原子之间的关系。因此,如果我们希望改变客观环境中的表现形式,我们必须改变的是事物的两极。这就是因果循环的原理。

> 你本周的作业是,集中意念——当我用到这个词的时候,它已经包含了这个词一切的内在含义——全身心地沉浸在你思想的客体中,不受任何其他事物的干扰,每天花

---

① 现代科学认为,光的传播并不需要媒介,也就是说,作为光媒的"以太"应当是不存在的。但反过来,未来新的发现,也许会重新认识过去,发现一种隐藏的能量或物质来支持"以太"理论。——编者注

几分钟做这个练习。为了让身体获得充足的养分，你每天都要进餐，那么，为什么你就不能花一些时间用来吸收精神食粮呢？

让思想充分认识到一切事物的表象都是虚假的。地球不是方的，也不是静止的；天空不是巨大的穹庐，太阳也不是绕地运行；星星并不像我们所想象的那样，它只发出微弱的光芒；物质也并不像我们所认为的那样固定不变，而是处在永恒运动的状态中。

请相信，这一天很快就会来到——现在正是拂晓时分——我们会知道越来越多的永恒运行的宇宙原理，而所有的思想和行为模式都会据此做出迅捷的调整。

静默的思想，终究是人类生活中最强大的手段。

——钱宁

要点问答

1. 两极是如何相互对照的?

它们被赋予独特的名字,比如,内和外、光和暗、好与坏、顶端与底部等。

2. 这些是独立的实体吗?

不是,它们都是整体的部分或不同方面。

3. 在物质、精神和心灵世界中有一个创造性原理,这个原理是什么?

它是宇宙精神,即永恒能量。万物都是由它而来。

4. 我们如何与这个创造性法则相联系?

通过我们的思考能力。

5. 这种创造性法则是如何运行的?

思想是种子,思想引发行为,行为产生现实中的结果。

6.事物的本质是什么?

本质是一种振动的频率。

7.这种振动的频率如何发生改变?

通过精神行为。

8.这种精神行为又基于什么?

基于两极的作用,也就是个体和宇宙之间的作用和反作用。

9.这种创造性能量是发源于个体还是宇宙?

源于宇宙,然而宇宙只有通过个体才能把这种能量彰显出来。

10.为什么个体是不可或缺的?

宇宙是静态的,它需要能量来赋予它以推动力。这种推动力由何而来呢?食物转化为能量,而能量使个体得以进行思考。当人完全停止进食,他的思想也就终止了,这时他也就不再作用于宇宙,他和宇宙之间作用与反作用的行为也终止了。而此时的宇宙,将是一个纯粹的静态精神——精神处于静止状态。

第二十章 不愿"劳心",就得"劳力"

懂得去思考,便认识到了自己的力量。你要明白,如果不愿"劳心",就不得不去"劳力"。正所谓,想得越少,干得就越多,收获反而越小。这个世界,没有上帝,你能依靠的就是自己,你的"天国"就在自己心中。

多少年来,人们无休止也争论着恶的起源。神学家们这样告诉我们,神就是爱,神的灵遍满宇宙。如果真是这样,上帝就是无所不在的了。那么,邪恶、撒旦和地狱又在哪里呢?让我们看看吧:

神就是灵。

这个灵,就是宇宙的创造性法则。

人是按照上帝的形象和样式造的。

因此,人也是精神的实体。

而精神的唯一属性,就是进行思考的能力。

因此,思考是一个创造性的过程。

所以,一切形态都是思想过程的产物。

外在形态的毁灭也是思想过程的产物。

虚幻的形态表现是思想创造力的产物。

显在的形态表现同样是思想创造力的产物。

各种发明创造、组织结构以及建设性活动,都是思想创造力的产物,比如,在集中意念的过程中。

当思想创造力彰显出对人类有益的结果时,我们就称这个结果为"善"。

当思想创造力显示出对人类有害的结果时,我们就称这个结果为"恶"。

这就是参与恶的起源。善、恶不过是人们用来描述结果本质的词语,这种结果一定是思考过程或创造过程的产物。

思想不可避免地预示并决定着行为,而行为又预示并决定着一切境遇。

第二十章在这个至关重要的话题上作了更多的阐释。

精神即存在。它必然是固定、永恒、不变的。你的精神就是你的真我。没有了精神,你就什么都不是。你越是能够认识精神及其各种可能性,它就会越活跃。

你可能拥有世界上的一切财富,如果你从来不知道这些财富的存在,也不懂得加以运用,它对你就没有任何意义。你的精神财富也是如此,如果你认识不到,也不会利用,它也就没有任何价值。获得精神力量的唯一条件是认识它、运用它。

一切伟大的事情都是从认知而来的。意识是力量的权杖,思想是力量的信使,它们不断地把看不见的内在世界塑造成客观世界的环境和境遇。

人生的意义在于思考,思考的结果就是获得力量。你这一生都在与思想和意识的神奇魔力打交道。如果你对这种自己明明可以控制的力量却视而不见、听而不闻的话,那会有怎样的后果呢?

如果你真的像上面所说的那样去做的话,你就会受到表面条件的局限,使自己成为那些"劳心者"役使的驮畜。因为他们懂得去思考,他们认识到了自己的力量;他们更明白,如果不愿"劳心",就不得不"劳力";想得越少,干得越多,收获反而越小。

力量的奥秘,在于对精神原理、能量、方法以及精神产物的透彻领悟,并能很好地理解我们与宇宙精神之间的关系。我们一定不要忘记，这个法则是不可改变的，否则它就不那么可靠了。因此，一切法则都是永不改变的。

这种法则的恒定性对你来说就是机遇。宇宙精神只有通过人类个体才能有所作为。你就是宇宙的活动渠道，你就是宇宙的动态属性。

当你开始领会宇宙的精华本质就在你内心当中——宇宙的精华就是你——你真正的行动就开始了。你会感觉到你的力量，如同火焰一般激发了你的想象力，点燃了你激情的火炬。这种能量能给你的思想注入生命的活力，让你与宇宙看不见的力量相联系。也正是这种力量使你无忧无惧地制订计划，并勇敢果断地去执行。

然而，唯有"寂静"是这种感知力的源泉，这是实现一切宏伟蓝图的必经之途。你只是一个进行想象的存在实体，想象力是你的工作室。你的蓝图就在这个工作室中构想出来。

对这种力量的本质的透彻领悟，是让这种能力体现出来的必要条件。你需要一遍遍地想象整个方法过程，直到你能够在任何需要的场合中加以运用。随之而来的就是无限的智慧，到那时，你就会随时随地感受到全能宇宙精神的有求必应。

我们或许不知道内在的世界是怎样的，它离我们的意识太过于陌生遥远，但它却是一切存在最根本的事实。如果我们学着去了解它——不仅仅是我们自己的内心，也包括所有的人、所有的事、一切存在与环境的内在，我们就会明白，"天国"就在我们自己心中。

我们的失败也是这同一个原理运行的结果。这个原理是不可改变的，它的运行是精确无误的，从来不会出现偏离。如果我们思考的是匮乏、局限、混乱，我们就会处处遭逢恶果；如果我们思考的是贫困、不幸、疾病，思想的信使也会像法院的传票一样把这些劫难带来。果之于因，如影随形；根源无他，都在我们的思想之中。如果我们恐惧灾难，那我们就会像"约伯"一样哭号："我所恐惧的临到我身，我所惧怕的迎我而来。"① 如果我们的思想冷酷无情或愚蒙无知，我们也会同样把这些无知的结果召唤到我们身边。

这种思想的力量，如果能恰当理解，正确运用，就会成为人类所能梦想到的最厉害的节约人力的装备，但如果误解它或是不恰当地使用，就很可能引发灾难性的后果，这些我们都已经知道了。借助这种力量，我们可以充满自信地去做每一件看起来是不可能的事，因为这种力量是一切灵感和天才诞生的秘密。

拥有灵感意味着打破常规，摆脱俗套，因为超常的结果需要靠超常的手段来完成。如果我们能够认识到一切事物的统一性，认识到一切力

---

① 语出《旧约·约伯记》第 3 章第 25 节。——译者注

量都源于内在，我们就能找寻到灵感的泉源。

灵感是摄取的艺术，是自我实现的艺术，是个体精神根据宇宙精神做出调整的艺术，是运用适当的机制运行一切能量的艺术。这种艺术能使无形转化为有形，使个体成为宇宙无限智慧流通的渠道。这是一门尽善尽美地构思设想的艺术，一门实现无所不在的全能力量的艺术。

我们应该接受并掌握这样的事实：无限的力量是无所不在的，因此，它存在于无限微小之中，也存在于无限广大之中。明白这些，将使我们汲取到这种力量的精华。同时我们更要知道：这种力量是一种精神，因此是不可再分的。这样，我们就能够随时随地了解它的存在。

首先要从理性上理解，继而要在情感上接受，它将使我们从无限力量的深海中尽情地啜饮。单纯做理性上的领会没有任何作用。情感应该发挥作用，没有情感的思想是冷冰冰的。思想和情感的结合才是必要的。

灵感产生于内在。"寂静"是必不可少的。首先，放松肌肉，感官静止，进入休眠状态。当你拥有了平衡感和力量感的时候，你也就做好了接收信息、灵感或智慧的准备。而这些，正是你形成目标所必不可少的。

不要把这些方法同巫术混为一谈，二者全无共同之处。灵感是一种接受的艺术，为你的生活带来无穷福祉。你人生中最重要的事，便是领会并运用这种看不见的力量，而不是让它们成为你的主人和统治者。力量意味着服务，而灵感暗示着力量。领会并运用这一灵感的规律将使你拥有超人的力量。

每次呼吸的时候，我们都可以获取更丰富的生命，如果我们有意识地带着这种意图进行呼吸的话。"如果"是一个非常重要的前提条件，因为目的意图掌握着精神注意力。如果不是有意识地去做的话，那你实现的结果就和别人没什么不同了。这就是"供应等于需求"的道理。

为了获取更多的供应,你的需求也应该增长,如果你有意识地增进你的需求,供应就会随之而来,你会发现,你正在进入越来越丰富的生命、能量与活力的供应之中。

其中的道理一点也不难懂,但是还有另外一个生命的奥秘是几乎不为人所知的。如果你能把它据为己有的话,就会发现这是生活中最伟大的现实之一。

有人告诉我们:"我们活在他的里面,存在于他的里面,也在他的里面运动。"并告诉我们,这个"他"就是个灵,"他"就是爱。因此每当我们呼吸的时候,我们吸纳到体内的都是这种生命、这种爱、这个灵。这就是"气能",或者叫"气以太",它的存在无时无刻不可或缺。这就是宇宙能量,这就是太阳丛的生命。

当呼吸的时候,我们把空气吸入我们的肺部,同时也吸入了这种"气能",让生命本身注入我们体内,因此,我们有机会与"全部生命""全部智慧""全部物质"建立起联系。

认识自己与宇宙法则之间的关系,知道自己与它和谐统一,让自己学会有意识地与它保持一致,这样,你就能够掌握让自己从疾病、匮乏、局限中解放出来的规律。说到底,也就是能够让你呼吸到"生命的气息"。

这种生命的气息是超自然的存在。这就是"真我"的精华,纯粹的本质,或者说,就是宇宙存在,而我们如果能够有意识地与它保持和谐统一,就能使它扎根生长,并控制行使这种创造性的能量。

思想是一种创造性的振动形式,环境的生成取决于我们的思想状态,因为我们所释放的能力,正是我们所拥有的。我们必须"是"什么,才能去"做"什么。我们"做"的程度也取决于我们到底"是"什么样的。因此,我们的所作所为完全和我们的"存在"本质相吻合,而我们的存在取决于我们的"思想"。每当你进行思考，你就开动了因果循环的列车，你所创造的环境完全与产生它的思想状态相吻合。思想如果能够与宇宙精神保持一致，那么就会引发相应的好的结果。而破坏性的或是混乱不堪的思想，其后果也是极其糟糕的。破坏性的思想和建设性的思想都可以运用，但是永恒不变的规律不会允许你"种瓜得豆"。你可以随心所欲地运用这些神奇的创造力，但一切后果须得自负。

这就是来源于"自由意志"的危险。有些人可能以为通过意志的强制性作用可以迫使这个法则进行改变。通过"意志力"，他们能够"种瓜得豆"。然而，创造力的基本原理是普遍存在的。因此，想要通过个人意志的力量使宇宙力量依从我们的愿望是一种歪曲的理念，这种理念可能会获得一时的成功，但终究会落得个铩羽而归的下场——因为这种想法与它所寻求的宇宙力量存在着冲突。

迫使宇宙与你妥协不过是个人的一厢情愿,这种用有限对抗无限的做法无异于螳臂当车。只有与不断向前运动的"宇宙整体有意识地协调合作,才能最大限度地把握住我们永恒的幸福。

你本周的课业是,进入"寂静"的状态中,聚精会神,思考这个道理——"我们活在他的里面,存在于他的里面,也在他的里面运行",这句话是绝对精确的!你的存在是因为他的存在。如果他是无所不在的,那么他一定也在你的里面。如果他是万有之有,那么你一定就在他的里面!如果他是灵,那么你是"按照他的形象和样式所造",而你和他在精神上的差异仅仅是程度之分,而作为他其中的一个部分在特性上必然与整体完全一致。如果你能对这些大彻大悟,你就会认识到善恶之源,看到集中意念的神奇能量,找到解决所有问

题的万能钥匙——不管是健康问题、收入问题还是境遇问题。

深邃、透彻、符合逻辑的思考是一种能力,这种能力是一切过失、差错、迷信、盲从、谬论、狂热、偏激的公认的死敌。

——哈多克

要点问答

1. 力量取决于什么样的条件?

它取决于对力量的认知和运用。

2. 什么是意识?

意识即认知。

3. 如何认知力量?

通过思考。

4. 人生中真正重要的事是什么?

最重要的事是正确的科学思考。

5. 什么是正确的科学思考?

就是按照宇宙的意愿调整我们思维过程的能力。换言之,就是与自然法则相协调。

6. 这一点是如何实现的呢?

是通过透彻地理解精神的法则、力量、方法与组合。

7. 宇宙精神是什么?

宇宙精神是一切存在的基本要素。

8. 各种匮乏、局限、疾病与扰乱不安的因由是什么?

各种匮乏、局限、疾病与扰乱不安的产生,与一切理想结果的产生一样,遵循着同一个法则,这个法则的运作是公正无私的,由于这一法则,思想总是创造或产生与它性质一致的境遇。

9. 什么是灵感?

灵感是一门认识全能全知者无所不在的艺术。

10. 我们所遭遇的各种境况取决于什么?

取决于我们意念的性质。因为,我们是什么,决定着我们去做什么;我们想什么,又决定着我们到底是什么。

第二十一章　敢于提出大设想

成功的秘诀之一,通往胜利的途径之一,也是大智大勇者的造化之一,就是敢于提出大设想、大思考。有大智慧的人,总是从大处着想。而只有从大处着想的人,才能取得大成功。

很高兴开讲第二十一章。在本章中,你会学到:成功的秘诀之一,通往胜利的途径之一,也是大智大勇者的造化之一,就是敢于提出大设想、大思考。

在下面,你也会发现,我们的意识中出现过的一切想法,不管它存在的时间有多久,都会在我们的潜意识中留下戳记,因而构成了一种模式，我们的创造性能量就是按照这种模式编织我们的生活和环境的。这就是神奇的祈祷力量的奥秘之所在。

我们知道，宇宙是遵循法则运转的。事凡有果，势必有因，只要是相同的"因"，在相同的情境下，一定会产生相同的"果"。因此，如果祈祷曾经被应允过，那么只要是在合适的条件下，所有的祈祷就都会被应允。这一点是绝对真实的，否则，宇宙将不再是有序的日月星辰，而成为一片空虚混沌。如果祈求就能得到答复，那么这种答复一定是遵循法则的，这种法则是绝对、准确、科学的，就如引力法则和电力法则一模一样。对这种法则的领会将带领人们不再扎根于迷信盲从的沼泽，而是奠基在科学观念坚固的磐石上。

然而，很不幸的是，很少有人知道应该如何去祈祷。他们知道有数学定律、化学原理、电力法则，但不知道为什么，他们却从来不知道有精神法则，而所谓的精神法则是同样确定、科学、严格的，它准确无误、亘古不变地运行着。

力量的真正奥秘在于对力量的认识。宇宙精神是无条件存在的，因此，只要我们能清楚地意识到我们与宇宙精神的同一性，那些外在的条件和局限对我们来说就会显得微不足道。当我们从条件和局限中解放出来，获得自由，我们就能够随心所欲。我们自由了！

一旦意识到内在世界这种取之不尽、用之不竭的力量，我们很快就能从中汲取力量和勇气，运用它并创造出这种认知带给我们的更多更好的机会，因为不管我们意识到什么，这种意识都会在客观世界中彰显出来，并获得有形的表达。

这是因为，无限精神是万物产生的根源，它是一个不可再分的整体，而任何个体都是这种永恒能量分流的渠道。我们的思考能力也就是我们作用于宇宙物质的能力，我们所思所想的，也正是我们在客观世界中所创造的。

这个发现不啻奇迹，这意味着精神在性质上是超凡的，在数量上是无限的，其中包含了无穷无尽的可能性。意识到这种能力，你就能够成为一根"通电的线路"，就好比把一根普通的电线接到了带电的线路上一样。宇宙就是一根带电的线路。它的能量足以让你应对个人生命中层出不穷的问题。当个人的精神触摸到宇宙精神的时候，就能够接收到所需要的全部能量。这就是内在世界的作用。一切科学都认可这个世界的存在，一切力量都取决于我们对这个世界的认知。

从不完美的境遇中解脱出来的能力取决于精神行为，而精神行为又取决于对力量的认知。因此，我们越是认识到自己与一切力量之源的统一，我们就越有力量去控制和把握所有的外部环境。

大理念有一种消灭一切小理念的倾向,这样才能使自己抱持的理念大到足以去抵消并摧毁一切渺小的和不良的倾向。它能够帮助你挪开前进道路上的一切琐碎、恼人的绊脚石。带你进入一个更加开阔的思想领域中,当你的精神容量变得更加开阔,你就可以让自己处在更好的位置上,以实现一些有价值的事情。

这就是成功的秘诀之一,通往胜利的途径之一,大智大勇者的造化之一。有大智慧的人,总是从大处着想。精神的创造性能量,在应对大环境时,并不比应对小环境更困难,它总是举重若轻、化难为易。它既存在于"无穷大"中,也存在于"无穷小"中。

当我们认识到这些精神的事实,就会明白我们是如何把意识中的情境带到客观世界中的,因为任何在意识中存在过一段时间的想法,最终都会在潜意识中留下印记,转换成一种创造性能量,从而渗入到个体的生活与境遇中。

我们所遭遇的环境就是这样产生的,我们的生活不过是我们的思想和心态的折射。我们知道,正确思想是一门科学,这门科学涵盖了所有学问。

研究这门科学,我们就能知道,任何想法都会在大脑中留下印记,这种印象创造了精神倾向,而精神倾向又创造了性格、能力和意图,性格、能力和意图的综合作用,决定了我们在生活中所遭遇的一切经历。

这些经历正是通过引力法则的作用,在我们的身上显现出来。正是在这一法则的作用下,我们在外在世界中所经历的一切,都与我们的内在世界相一致。

支配性的思想或心态,就像一块磁石,只不过遵循的是"同性相吸"的法则,因此,心态总是把那些与其特性相一致的外在境遇吸引到你的身边。

这种心态也就是我们的人格，它由我们自己头脑中所产生的想法组成。因此，如果我们希望自己的境遇发生改变，唯一要做的就是改变我们的想法，这反过来会从改变我们的心态，改变我们的人格，从而也就改变了我们在生活中遭遇的人和事，环境和经历。

不过，改变心态并不是一件容易事，但通过坚持不懈的努力，还是可以实现的。当我们的头脑中摄入精神图像的时候，精神状态就形成了。如果我们不喜欢目前的图像，我们可以除去其中有负面作用的成分，创造新的图像，这就是视觉化的艺术。

当你完成了这一步，你就开始将一些新的东西吸引到自己身边了，这些新的事物是与你脑海中新的图景相吻合的。要这样做：把你理想中的一幅完美画面印到你的心灵中，这幅画面应该是你希望在客观世界中实现的，在你的心灵中保存这幅图画，一直到它变成现实。

如果实现愿望需要决心、能力、才华、勇气、力量或任何其他精神能量,那么这些也应该是你的精神图像中必不可少的要素。把它们放入你的内心深处,它们是图像中最关键的成分。它们是情感和理性的结合,这将会产生不可抗拒的魔力,把你需要的一切带到你的身边。它们会把生机赋予你的精神图像,……生机意味着成长,一旦它开始成长,那么实际的结果就必然会实现。

不管你做什么,都应该毫不犹豫地去追求能够达到的最高境界,因为精神力量时刻准备对你施以援手,只要你有坚强的意志,努力把这种至高的追求转化为行动、造化与事件。这种精神能力如何发生作用,与我们的习惯是如何养成的非常类似。我们做一件事情,反反复复去做,这件事情就会变得轻而易举,甚至是习惯成自然。而要改掉那些坏习气,道理也是一样。只要我们不再做某事,一而再,再而三地避免它，我们就能完全从中解脱出来。如果我们偶尔失败跌倒，也绝不应该丧失信心，因为这个法则是绝对的、不可战胜的，它信任我们的每一次努力、每一次成功，即便我们的努力和进步并非总是一帆风顺。

这条法则可以为你做任何的事情。大胆地相信你自己的理想吧！要记住，人的天性是能够被理想塑造的，你只要把理想当作既成事实去想它。

生命中唯一的战争就是理念的争斗，这是少数与多数的斗争。一方是建设性的、创造性的思想，另一方是破坏性的、负面的想法。创造性的思想受理想的支配，消极的想法受表象的支配。双方各有势力，有科学家、文学家和实干家。

站在创造性思想一方的代表性人物就是那些在实验室里，或是通过显微镜和望远镜观察世界的人，与他们并肩而战的是商界、政界以及科学界的权威人士。而消极一方的代表性人物则是那些花费时间研究传统和习俗，错把神学当宗教的人，还有那些错把权力当权利的政客，以及成千上万喜欢先例胜过喜欢进步的芸芸众生，他们总是向后看而不是向前看，总是注意到外在世界，却对内在世界一无所知。

归根结底，只有这两类人。对于每个人来说，不是站在此方，就是站在彼方。要么倒退，要么前进。对一个运动的世界而言，想要站在原地不动根本就是不可能的事。正是那些不想进步、想要站在原地静止不动的尝试，才使得那些恣意专横、极不公平的陈规陋习有了保障和力量。

我们正处在一个急剧变迁的时期，无处不在的动荡局面就是明显的例证。人类的诉苦声就像是天空中一连串滚滚雷鸣，一开始是低沉而凶险的闷响，逐渐地，声音越来越大，穿过层层乌云，闪电划破长空，照彻大地。

那些在产业、政治和宗教世界的前沿阵地上巡逻站岗的哨兵们，忧虑不安地互相打招呼：

夜里如何?[①]他们所占据并努力把持的位置,每时每刻都面临着危机和风险。而新时代的黎明必将宣告,现存的秩序已去日无多。

新旧体制之间的争锋,社会问题的症结,完全是一个人类智慧对宇宙本性的信念问题。当他们认识到宇宙精神的超验力量就存在于每个人的心中的时候,就可能会制定出这样的法律:它们尊重多数人的自由和权利,而不是少数人的特权。

尽管抗议的浪潮一个接着一个,但只要人们依然认为宇宙能力是一种非人类的能力,一种对人类来说陌生遥远的能力,少数的特权就很容易借助神权确立他们的统治。因此,民主的真正要义,在于提升、解放并认知人类精神的神圣性;在于认识到一切能量都源于内在。任何人都不比其他人拥有更多的权力,除非人

[①] 语出《旧约·以赛亚书》第21章。——译者注

们自愿地授权给他。旧的体制让我们相信，法律高于立法者。把"神的选择"的宿命论信条制度化了，特权和个人不平等所带来的每一种形式的罪恶，其根源正在于此。

"神的精神"就是宇宙精神。它不允许有例外，不允许有偏爱。它的作为不会出自心血来潮或是一时的怒气、愤恨和嫉妒。它不接受人的恭维或是甜言蜜语的欺哄，不为同情心所动，不会随意根据人的想法把生存、幸福的需要厚赐予人。宇宙精神对任何人都一视同仁，公正不阿。但是，如果谁能够认识并领会自己与宇宙精神的同一性，看起来宇宙精神就会对他青睐有加，因为他发现了一切健康、财富和力量的源泉。

> 你本周的作业是，集中精力思考学到的真理。努力认识到这一点，真理能够使你自由，如果你能学会运用这种科学的思想观和精神法则，你就会发现在你通往成

功的道路上没有什么事情能够成为你永远的阻碍。要明白,你正在用你内在心灵的力量具体化你的外部环境。要认识到,"寂静"提供了随时可以利用而且几乎无穷无尽的机遇,唤醒你对真理的最高认识。试着去领会,"全能力量"本身就是绝对寂静,其他的一切都是变化的、活跃的、有局限的。因此,通过集中意念而进入"寂静"之境,才是探索、唤醒、表达你内在世界神奇的潜在力量的唯一正确的方法。

训练思想带来的机遇是无穷无尽的,它的益处是长存不息的,然而,却很少有人愿意下功夫把自己的思想导入让自己受益的正确渠道,而是一切都听凭运气的摆布。

——马登

要点问答

1. 力量的真正秘密是什么?

在于力量意识。因为无论我们意识到什么,都会在客观世界中彰显出来,并使之获得有形的表达。

2. 力量的来源是什么?

来源是宇宙精神,万物由此而生,它是整体的、不可分的。

3. 如何彰显这种力量?

通过人类个体彰显。每个人都是这种能量在形态上分化的渠道。

4. 我们是如何与这种"全能力量"联系在一起的?

我们的思考能力就是我们作用于宇宙能量的能力,我们想什么,客观世界中就会生产或创造出什么。

5. 这一发现的结果是什么?

这种结果无异于奇迹,它展开了前所未有、无穷无尽的机遇。

6. 我们如何改变糟糕的境遇?

通过逐步认知我们与一切力量之源的同一性。

7. 大智大勇者与众不同的特征之一是什么?

他总是思考大理念,总是使自己抱持的理念大到足以去抵消并摧毁一切卑琐而可恶的障碍。

8. 经验是如何产生的?

通过引力法则而产生。

9. 这一法则如何运行?

通过我们的支配性心态。

10. 新旧体制之间的区别在哪里?

区别在于对宇宙本质的信念。旧体制把一切都归因于宿命论的"神的选择"。而新体制认识到了人类个体神性的一面,以及人性中民主的一面。

第二十二章　改造自己的内心世界

人们目前的性情、境遇、力量以及健康状况都是过去思维方式的结果。积极的思想,带来积极的结果;消极的思想,招致消极的结果。如果我们希望健康、强壮、充满活力,那么健康、强壮、充满活动的思想就应该成为我们主导性的思想。

在第二十二章中我们将会学到,思想是精神的种子,如果把这种子栽入潜意识的土壤,它就有发芽、长大的趋势。但不幸的是,结出的果实往往不尽如人意。

各种形式的炎症发热、麻痹瘫痪、神经过

敏、疾病缠身，通常都是由一些诸如恐惧、忧烦、焦虑、苦恼、嫉妒、憎恨等想法所致。

生命系统由两种独立的程序组成：第一，吸收、利用物质营养，建造细胞；第二，分解、排泄废物。

一切生命都基于这些建设性和破坏性的活动，而构造细胞所需的一切必需品不过是食物、空气和水，这样看来，想要延长寿命岂不是一件挺简单的事情吗？

奇怪的是，生命系统的第二套程序，也就是破坏性的活动，导致了一切疾病，少有例外。体内的物质垃圾积聚起来，渗透到机体的组织细胞中，而引发自体中毒现象。这可能是局部的，也可能是整体的。前者会造成身体某个部位的不适，而后者会影响整个身体机能。

那么，摆在我们面前的问题是，想要使病体康复，就要增强整个机体的生命流量和配给。

我们只有通过消除意念中的恐惧、忧烦、焦虑、苦恼、嫉妒、憎恨等破坏性的想法，才能做到这一点。这些破坏性的想法，损耗、摧毁着我们神经和腺体，而那些毒素和垃圾的排泄清除正是由这些神经和腺体控制的。

"营养食品"和"滋补品"无法延年益寿，因为这些针对的，不过是生命的次要现象。那生命的主要现象是什么？我们如何联系它？这些将在本章中阐述，我很荣幸现在开讲。

知识是无价的，通过对知识的运用我们可以去实现自己理想的未来。当我们认识到自己目前的性情、境遇、力量以及健康状况都是过去思维方式的结果时，就能更好地领会知识的价值。

如果我们的健康状况并不理想，那我们首先应该反省一下我们的思维方式是否有问题。

我们不要忘记，一切的思想都会在心灵中留下印记。而所有的印记都是一颗种子，沉入潜意识的土壤中，形成某种倾向。这种倾向就会把类似的想法吸引过来，种子就这样慢慢长大，甚至在我们意识到它以前就已经丰收在望了。

如果这些想法中存在着疾患的恶因，那我们收获到的就是病痛、失败、软弱和颓废。问题是，我们在想着什么，我们在创造什么，我们将会收获什么？

如果你的健康状况需要做出调整，视觉化的规律对你很有帮助。你可以在你的脑海中构建一幅体格健壮完美的图画，并让它印在你的心灵中，直到被潜意识吸收为止。通过这种办法，很多人在几周之内就治好了长期以来的慢性疾病，数以千计的人在几天甚至十几分钟之内就战胜并消除了各种普通的小病小痛。

精神通过共振的原理对身体产生作用。我们知道，精神行为是一种振动形式，所有存在形式也都是一种运动模式,一种振动频率。因此,任何振动都会改变体内的原子活动,影响每一个生命细胞,在细胞组织内部引发化学变化。

宇宙中的万事万物都不过是一种振动形式。改变振动频率就改变了食物的本质、性质和形态。大自然中,无论是可见的还是不可见的景观,都处于振动所引起的永恒变化中。因为思想也是一种振动形式,因此,我们可以运用这种力量。我们可以改变思想的振动方式,让我们的身体达到良好的状态。

我们每时每刻都在运用着这种力量。正因为大多数人都是在不自觉地运用这种力量,因此常常会招致令人不满的结果。所有问题的产生,其关键就取决于我们是否智慧地运用它,只有智慧地运用才能让一切随心所愿。这样做其实并不难,因为我们大家都有足够的经验,知道如何让身体产生愉快的振动,也知道是什么让身体产生难受和不快的感觉。

因此，我们可以把自身的经验当作顾问。当我们的思想是崇高的、进步的、勇敢的、高贵的、良善的，具有充分的建设性的时候，我们就启动了可以引发某种积极结果的振动形式。如果我们的思想充满了嫉妒、愤恨、挑剔、恶毒或是其他种种不和谐的情绪的时候，我们就启动了另外一种性质的振动形式，带来的也是恶劣的后果。不管是何种振动形式，如果持续下去，就会在现实世界中成形。前一种情况会带来身心健康和道德完善，而后者则会导致混乱、疾患与种种不和谐。

我们现在应该明白，精神拥有一种能够控制身体的能力。

客观精神会对身体产生影响，这一点众所周知。如果有人对你说了什么滑稽的事情，你就会发笑，整个身子都会晃动起来，这说明思想能够控制身体的肌肉。再比如，如果有人对你说了什么事情，引发了你的同情，你可能会泪水盈眶，这说明思想控制着身体的腺体。再或者，如果有人说了什么让你怒发冲冠的事情，你会感觉到血液涌上你的头部，这说明思想也能够控制血液的循环。但这些经历都不过是客观精神对身体的作用，这种作用是暂时的，其效果稍纵即逝，一切很快就会恢复原先的样子。

潜意识控制身体的行为方式完全不同。如果你受伤了，会有成千上万的细胞立即开始行动，进行医疗救治的工作。几天或十几周以后，伤口就痊愈了。如果你骨折了，世界上没有任何一个外科医生能够帮助你把断骨焊接到一处（我不是说，他们不能插上钢板或是其他的器械帮助骨骼的恢复或是取代断骨）。医生可以帮助你把骨头复位，而潜意识就会立刻开始焊接的工作，在短期内断骨又会像以前一样坚固了。如果你吞食了有毒的东西，潜意识会立刻发现危险，然后激烈反抗，把毒素驱逐出去。如果你感染了一种危险的病毒，潜意识会马上开始建筑一道防御墙,把受到感染的区域包围起来,然后用专门对付侵略者的白细胞吞噬那些受到感染的部位。

这种潜意识的过程通常不会在人的认识或是指引下发生,只要我们不加干涉,结果一定是完美的。然而,由于这上百万个修复伤损的细胞个个都充满智慧,并且随时对我们的思想做出反应,因此我们的一些恐惧、怀疑、忧惧的想法常常让这些细胞瘫痪麻痹,变得无能为力。这些细胞就像是一支工人大军,每次出发准备执行一件重要的任务时,刚一开始你就号召他们罢工,或是突然改变了它们的行动计划,久而久之,它们就变得灰心丧气,最后干脆放弃行动。

通往健康的途径是建立在共振法则的基础上的,这是一切科学的基石。共振法则通过精神,也就是"内在世界"发生作用。这是一种个人的努力和实践。我们的力量世界就是自己的内在世界。如果我们足够聪明,就不应该浪费时间,而是赶快行动起来,针对"外部世界"中出现的问题寻找解决方案。外部世界只不过是内在世界的反映。

答案总是能够在"内在世界"中找到。通过改变成因,结果也会发生变化。

你体内的每一个细胞都是充满智慧的,它们听从你的吩咐行事。这些细胞都是创造者,它们按照你规定的模式创造出准确的图案。

因此,如果主观意识中存在的是完美的图像,那么创造性的能量也会塑造一个健康完美的体魄。

大脑细胞的构造方式也是一样。大脑是受到精神状态,也就是心态的影响,所以,如果不良的精神状态导入主观意识中,主观意识就会把这种信号传递给我们的身体,这样我们就应该明白,如果我们希望健康、强壮、充满活力,那么这种健康、强壮、充满活力的思想一定会成为我们主导性的思想。

我们知道，人体的一切组成部分都是振动形式的结果。

我们知道，精神行为是一种振动形式。

我们知道，高等的振动形式能够统治、引领、改变、控制并消除低等的振动形式。

我们知道，振动形式是由大脑细胞的性质决定的。

我们也知道，这样的脑细胞是如何产生的。

因此，我们知道应该如何让身体的健康状况按照我们希望的方向发生改变。通过了解精神能量的工作方式，我们就知道，我们可以让自己无限制地与无所不能的自然法则保持和谐。

精神对身体的控制，或者说，精神对身体能够施加的影响，获得了越来越广泛的认同。许多医生开始全力以赴研究这一问题。阿尔伯特·肖菲尔德博士就这个问题写了不少的著作，他说："精神疗法现在在医学著作中还没有受到应有的关注。心理学也没有从对人类有益的角度上研究这种重要的精神能量,更很少提到精神控制身体的潜能。"

毫无疑问,很多医生治疗一些功能性的神经疾病非常有效,但我们要强调的是,他们所运用的方法完全是出于经验和直觉,而不是在学校或者从书本中学到的。

事情本不该是这样的。各个医学院校完全应该对精神疗法的力量进行慎重、具体而科学的讲授。我们还可以就误医、误诊或是医疗缺乏的问题进行更详尽的探讨,论述一些被忽视的环节所造成的毁灭性的后果,但这项工作实在很容易触犯众怒。

毫无疑问,很多病人从来就不知道他能够帮助自己做些什么。如果病人能够帮助自己,他所能引发的力量至今尚不为人知。我们相信,这种力量也是远远超乎想象的。毋庸置疑,这种方式会得到越来越广泛的运用。精神治疗可以靠自己完成,方式有很多,比如,让头脑冷静下来,唤醒欢乐、希望、信念和爱的感觉,暗示自己进行常规持续的精神治疗的愿望,把自己的思绪从疾病和痛苦中转移开来,等等。

你本周的作业是,聚精会神地思考丁尼生美丽的诗行:"你们要向他开口,因为他听你们,心灵与心灵在空中相遇,他比手足更加亲密,他离你比呼吸更近。"试着去了解,"向他开口"就是触摸到宇宙全能的力量。

对于无所不在的宇宙力量的认知,必将很快摧毁各种各样的疾病和苦痛,代之以和谐和完整。记住,有些人好像认为疾病和苦难都是上天加给我们的,如果是这样的话,那么,所有的医生、外科医师、红十字会的护理人员岂不都是有悖天意?医院和疗养院也就不再是慈善机构,而成了反抗上天的根据地。自然而然,这很快就会推导出十分荒谬的结论，但居然有许多人依然抱持这种观念。

然后，让我们的思想停留在这样一个事实上：直到最近，神学一直讲授一个不可能存在的造物主，他创造出有能力犯罪的人类，然后让他们为了自己的罪恶永远受到惩罚。自然，这种极端无知的结果，必然是创造恐惧，而不是爱。他们就这样宣讲了两千多年，直到如今，神学家们才手忙脚乱地为宗教界的荒唐而道歉不迭。

现在，你会更乐于承认，理想的人，是按照造物主的形象和样式所造，一切源于精神，它形成、产生、创造了万物，也是一切存在的基石和支撑。"万物不过是巨大整体的一部分，上帝是这个整体的灵魂，大自然是它的身体。"际遇由认知而生，行为由灵感而生。知识带来成长，进步带来卓越。最初总是精神上的，然后，才转化为造化的无穷可能性。

要点问答

1. 如何消除疾病？

使我们自己与无所不能的自然法则保持和谐一致。

2. 如何保持一致呢？

认识到人是精神的实体，因此精神必须是完美无缺的。

3. 结果是什么？

有意识地认知这种完美的精神——首先是从理智上，然后在情感上——将使这种完美显明出来。

4. 为什么会这样呢？

因为思想是精神的，因而也是创造性的，思想与其客体相联系，并使客体在客观世界中得以彰显。

5. 这一过程中运行的自然法则是什么?

是振动法则。

6. 为什么适用这一法则呢?

因为一个较高频率的振动可以管理、更改、控制、转变或消除较低频率的振动。

7. 这种精神治疗法得到普遍认可了吗?

是的,严格地说,在我们的国家已经有数百万人应用这一方法,尽管应用形式不尽相同。(很显然,全世界应该有更多)

8. 这一思想体系的结果是什么?

每个人的最高层次的推理能力可以通过被验证的事实获得满足,这在世界历史上是首次。

9. 这一体系能够适用于其他形态的需求吗?

这一体系适合人类一切需求和愿望。

10. 这一体系是科学还是宗教。

两者都是。真正的科学和真正的宗教是双胞胎姐妹,一个人前行,另一个人也会如影相随。

第二十三章　有舍才能有得

成功的法则在于为人服务，我们得到的正是我们所付出的。慷慨大度的思想充满着力量和活力，自私自利的思想则包含着毁灭的萌芽。正所谓，"我为人人，人人为我"。所有人都能够拿出自己的所有给予他人。而他们拿出得越多，得到的就越多。

很高兴在这里传递给你们第二十三章的信息，你们在本章中将会学到：金钱渗入我们整个生存网络的方方面面；成功的法则在于为人服务；我们得到的正是我们付出的，正因如此，我们应该承认，能够有所付出，本身就是莫大的荣宠。

我们已经知道,思想是所有建设性事业背后的创造性行为。因此,我们所能付出的、最有价值的东西,就是我们的思想。

创造性思想需要全神贯注,而全神贯注的能力,正是那些所谓超人的武器,正如我们所知道的那样。全神贯注有益于意念的集中,集中意念有助于发展精神力量,精神力量正是一切现有力量中最强大的力量。

这是涵盖一切科学的科学。这是一切艺术之上的艺术,它与人类生活息息相关。精通这门科学、掌握这门艺术,就有机会获得不断的进步。对这门学问的精通,绝不可能在6天之内获得,甚至6周、6个月都不够。这是毕生的功课。恰如逆水行舟,不进则退。

毫无疑问,保持积极的、建设性的、无私的想法必然让你受益匪浅。"一报还一报"是宇宙的主旋律。大自然总是寻求着平衡的实现。有往必有来，否则就会出现真空。遵循这一法则，你一定能够按着这条路线充分调整自己，从而大大受益。

金钱意识是一种精神态度，是通往商业命脉的敞开的大门。这是一种接受性很强的精神态度。愿望是吸引力，能够加快财富的流动；恐惧是绊脚石，它阻碍甚或是反转财富的脚步，使它离我们越来越远。

恐惧恰恰是金钱意识的反面。恐惧就是穷困意识，这个规律永不改变，我们付出什么，回报就是什么。如果我们感到恐惧，那么我们得到的恰好就是我们害怕得到的东西。金钱把自己编织到我们生存的整个网络中。它听命于最伟大的心灵、最优秀的思想。

广交朋友,才能广开财路。我们通过帮助朋友、为他们谋利、为他们做一些有用的事情来扩展我们的朋友圈子。所以,成功的第一条法则就是服务他人,而服务又建立在诚实正直的基础上。一个心怀诡诈的人是无知的,他未曾觉察到一切交换的基本原理;他必将一事无成;他肯定会彻底失败。可能当他自己还一无所知,甚至得意扬扬时,其实早就注定会遭遇重大挫折。因为他欺骗不了"无限"。因果循环的定理会对他以眼还眼,以牙还牙。

生命的力量是挥发性的。我们的意念和理想构成了生命的力量,它们被塑造成外在的形态。我们所要做的就是拥有一颗开放的心灵,不断接纳新的事物,发现机遇,要注重过程而不要注重结果,因为追求的乐趣并不在于最后的拥有。

你应当让自己成为财富的磁石,但在这之前首先要考虑的是为他人谋取福利。如果你具备足够的洞察力,能够感知并利用机遇和各种有利条件,认识到价值所在,你就能够让自己处于有利的位置,但最终,你的巨大成功还是源自你对于他人的帮助。造福于一人也就造福于众人。

慷慨大度的思想充满着力量和活力,自私自利的思想包含着毁灭的萌芽。一切自私的思想最终都会瓦解和消逝。伟大的金融家不过是财富流通的渠道,大笔的财富在他们那里进进出出,出口的堵塞和收入的断绝一样危险。两端必须同时敞开。同样,如果我们能够认识到"有舍才能有得"这样一个基本的道理,我们就能获得巨大的成就。

如果我们认识到,全能的力量是一切供应的源泉,我们只需调整自己的意识,使它与这无限的供应保持一致,这种全能的力量就能够为我们带来它所需要的一切。我们会看到,施予得越多,得到的也越多。施予在这里的意思是服务于人。银行家拿出库里的金钱,商人拿出自己的货物,作家献出了自己的思想,工人付出了自己的技能。所有人都能够拿出自己的所有给予他人。而他们拿出的越多,得到的就越多。而一旦得到了更多,就有能力施予更多。

金融家得到的多,因为他付出的多。他思考,他从不让其他人替他想问题,他想要知道如何获取理想的结果。而你,他身边的人,就会给他启示。当他从你身上得到想要的答案,他就会提供各种方式、手段,为成千上万的人谋求利益。当这千千万万的人获得了成功,金融家自己也成功了。摩根、洛克菲勒、卡耐基等等,他们的致富并不是因为他们使其他人损失了什么。正好相反,是因为他们能够让其他人致富,因此,他们才成了世界上最富裕的国家中最富有的人。

大多数凡夫俗子是不懂得深入思考的,他们像鹦鹉学舌一样接受并重复着别人的看法。

造成公众舆论的导向手段正是如此,所谓大多数群众的这种柔懦驯良的态度使他们情愿放弃自己思考的能力,让一部分占少数的群体替他们代劳,这就使得在世界上许多国家中,少数人篡夺了多数人的权利,造成了少数欺压多数的局面。创造性思考需要专注这些方面。

专注的力量被称作意念集中,这种力量是由意识控制的。因为这个原因,我们只能在自己真正渴望的事情上集中意念,而不要去关注其他。许多人总是注重那些悲伤、亏损、混乱等情状。而思想是具有创造性的,对这些负面因素的关注必然会导致更多的损失、痛苦和不安的状况。难道不是吗?从另一方面来说,如果我们获得成功、有所成就,或是遇见其他让我们满意的境况,我们常常很自然地关注这些事情的结果,这样就会带来更多的成就和顺心的境遇。所以说,"多者益多"。

对于这一原理的领会如何能够运用到商业

活动中呢?我的一个助手作了非常好的讲解:

> "不管精神是什么,或者不是什么,我们总要把它看作意识的精华,心灵的实质和思想的实实在在的根基。一切想法都是意识活动或者说是精神、思想活动的阶段,因此,精神,只有在精神当中,才能找到'终极现实''真东西'或'理念'。"

认识到这些,你是否觉得对于精神及其表现法则的真正领悟,是一个"务实"的人所能寻求的最"实实在在"的事情呢?你不觉得,如果一个"务实"的人认识到这个道理,就会"使出浑身解数",去领悟、追求精神存在及其法则吗?这些人绝不是傻瓜。他们只需要掌握这些基本原理,就能够踏上通往一切成就的必经之路。

我想给你讲一个具体的事例。我认识一个芝加哥的朋友，一个彻头彻尾的唯物主义者。他生活中有不少成功之处，但也有一些失败。我最近一次和他交谈的时候，他事实上正处于"落魄"中，我是说，和他以前的事业状况相比。他好像已经成了"秋后的蚂蚱"，因为他已是中年，和他前几年相比，头脑中的新主意来得已经不是那么敏捷了。

他对我说，大意是这样的："我知道商业中'要紧'的是得有想法——瓜都知道这一点。可我现在，好像没什么高招了。不过，如果你说的这种'唯精神论'管用的话，那么每个人都可以和无限精神'接轨'。而在这无限的精神之中，一定有各种各样的奇思妙想，对一个像我这样既有勇气，又见多识广的人来说，肯定可以把这些想法在商界付诸实践，大获全胜。看起来不错，我得好好研究一下。"

这是几年前的事情了。有一天，我又听到

了这个人的消息。和朋友聊天的时候，我问："咱们的那个老朋友某某怎么样了？他没有东山再起吗？"这个朋友非常惊讶地看着我，"不会吧，"他说道，"你没听说某某大发了一笔吗？他现在可是'某某公司'的法人（他提到的这个企业在最近的一年半中引起了轰动一时的反响，现在已经非常知名了，它的广告宣传已经在国内外闻名遐迩）。他就是那个出了那条'金点子'的人。嘿，他这次净赚了将近50万元，最近马上就要突破百万元大关了。可就用了一年半的时间。"我一直没有再与这个人联系，但我听说提到的那个公司确实干得轰轰烈烈。经过调查，这件事情的确是这样，上述的事实一点儿也没有夸张的成分。

现在，你怎么想？对我来说，这说明此人确实做到了与无限的精神"接轨"，领悟了它的存在，并驱使它为自己效劳，"把它用在了自己的商业运作中。"

这听起来是不是有点亵渎神灵，不太虔敬？我希望不是如此，至少这不是我的本意。不要从"无限"这个词上，牵扯"人格化的神"，或者说"夸张的人格"，你只要体会"无限"的意义即可，你就会认识到"无限存在的力量"，认识到其"精髓"就是"意识"——事实上，归根结底，也就是"精神"。而这个人的成功，也可以看作这种"精神"的体现。在这里，我们要说的正是因为他与自己的创造本源以及力量之源和谐一致，才在他身上多多少少地体现出这种无限的能量，这样说绝没有任何冒渎的意思。我们每个人都是如此，都可以按照创造性思想的指引运用我们的精神。这个人所做的更进一步，他用了一种非常"实际"的方式着手运用这种力量。

我不曾充当此人的顾问，也不曾与他商议应该采取怎样的步骤，尽管我一开始确实打算这样做。但是，他不仅从"无限供应"中获取了他所需要的理念(这成为他走向成功的萌芽),而且,他运用了思想的创造力,根据自己希望中的客观物质形式,为自己打造了一个理想的模式,然后不断在原来的基础上加以变化、填补,在细节上改进——使这个理想模式从一个大概的轮廓走向细节的完美。事实确实如此,我的根据当然不仅仅是凭着回忆几年前的一次对话,而是在很多卓越的人物身上,这种创造性思想的体现都是如此。

也许有人不太相信,这种"无限力量"的运用,有助于人在客观物质世界中的作为,但是,你应该牢记,在这一环节中,哪怕是在最轻微程度上和这种"无限"发生抵触,该有的结果也不会发生。"无限"并非是随随便便、予取予求的。

"精神存在"是相当"实际",非常"实际",极其"实际"的。精神是真实的存在,是完整的存在,物质不过是可塑的材料,精神能够创造、塑造、控制物质，使它遵从自己的意愿。精神存在是世界上最"实际"的事物——是唯一真实而绝对的"实"物！

本周，在这个问题上集中意念：人，不是一个具有精神的躯体，而是具有躯体的精神。因此，人的渴望只有通过精神，才能获取永久的满足。金钱能够带来我们渴望的境遇，它除此以外没有任何价值。这种境遇应该是和谐的，会带来应有尽有的供应。因此，如果出现穷乏困窘的状况，我们应该意识到，金钱的核心概念在于它能服务于人，在这一思想的引导下，供应的渠道就会开启，到那时，你会很高兴地认识到，精神方法绝对是具有实效的。

我们发现，对一个目标深思熟虑的想法能够催化这个目标的成熟，使它尽早成形，使我们进行任何尝试都有十足的把握。

——弗朗西斯·拉里默·华纳

要点问答

1. 成功的首要法则是什么?

首要法则是服务于人。

2. 我们如何能够成为对他人最有用的人呢?

要有一个开放性的思想;要重视过程远过于重视结果;要重视追寻远过于重视拥有。

3. 自私的结果是什么?

自私的想法包含着毁灭的萌芽。

4. 我们如何实现最大的成功?

我们须得认知这样的事实:付出与获得同样重要。

5. 金融家何以经常取得巨大的成功?

因为他们按照自己所想得去做。

6. 为什么在任何一个国家里,绝大多数人总会成为少数人的顺民,并且显然心甘情愿地成为他们工具?

因为他们总是让少数人按照他们自己所想的去做。

7. 如果思想集中于悲伤和损失，那么会带来怎样的后果？

后果是招致更多的悲伤和更大的损失。

8. 如果思想集中于收获和所得，那么会带来怎样的结果？

带来更多的收获。

9. 这一原理能够应用于商业世界吗？

这是曾经适用，并一直适用的唯一准则，舍此别无他途。它的确有时在无意识中被使用，但这种情况没有什么不同。

10. 这一原理的实际用途是什么？

我们必须看到这样的事实：成功是果而不是因，如果我们希望赢得这样的结果，我们必须保证有相应的成因，也就是要确知能够使这种结果被创造出来的观念或思想。

第二十四章 告诉自己,你能行!

你唯一需要对付的就是你自己,你唯一需要做的就是告诉你自己,你所想要的结果一定会实现。为了实现这一切,你要发现、认识上天赐给我们的所有,其方法就是运用你内在的力量。

在最后,我们要学习第二十四章,也是最后一课。

如果你每天都花那么几分钟进行节中的练习,你就会发现自己真的可以从生活中得到心中的所思所想,因为在这之前你已经使你的所思所想进入了你的生活。你非常有可能同意这样一句话——也是一位学员所说:"思想几乎是战无不胜的,它如此浩瀚、如此充沛、如此真切、如此有理有据、可行可用。"

这种知识所结的果实,实在是上天的恩赐。正是这"真理"使人获得自由,不仅仅是从匮乏和局限之中解脱出来,也从悲伤、忧惧、焦虑中解脱出来。还有,这一法则并不因人而异,你过去的思维习惯、你曾经走过的路,并不会给你造成什么羁绊,认识到这些,难道不让人感到妙不可言吗?

如果你倾心于宗教信仰,那么,那位闻名于世的最伟大的宗教导师已经为你铺平了道路,让所有人都能够行走。如果你的精神偏好于物质科学,这些法则的运行是具备数学的准确性的。如果你喜欢哲学,柏拉图或爱默生可以做你的老师,但无论如何,这种无限的力量,你将触手可及。

我相信，对于这个原理的领悟，正是古代炼金术士们梦寐以求而不得的奥秘，因为，这一原理揭开了这样的秘密——如何使头脑中的黄金化为心中和手中的真金。

当科学家们首次把太阳作为太阳系的中心，让地球围绕太阳旋转，人们都有仓皇失措、惊讶不已的感觉。这种以太阳为中心的观点看上去很显然是错误的。没有什么比太阳从天空中驶过更加让人确信了，谁都能看到，太阳从西山落下，沉入大海。学者们和当时的科学权威一致鄙夷唾弃这种新观点，然而事实最终战胜了一切，让众人心服口服。

我们把铃铛定义为"发出响声的物体"，我们知道铃铛之所以能发出响声是因为它能够使空气振动。当振动达到每秒 16 次以上，我们就能够听到声音。每秒38000次以内的振动都可以被人感觉到。当振动超过这个频率,一切复归于静寂。所以我们应该明白,声音不是铃铛所产生的,而是产生于我们的心灵里。

我们把太阳称为"发光的物体"。但我们知道太阳不过是借助"以太"(能媒)以每秒400万亿以上的振动频率传递着能量,这种能量就被称为"光波"。我们称为"光"的东西不过是能量的一种形式,而所谓的"光"仅仅是因为波的振动而使我们心中产生的一种感觉。当振动的频率增加,光的色彩也发生变化,色彩的变化是由振动的频率增加或减少引起的。我们说,玫瑰是红的,青草是绿的,或者说,天空是蓝的,而这些颜色不过是存在于我们的心灵中,不过是光波的振动让我们体会到的某种感受罢了。当振动的频率降至每秒400亿以下,光就不再是光,而是热了。因此很显然,我们的感官证据是靠不住的,不能说明事物的真实信息。如果我们依赖感官的判断，就应该相信太阳绕着地球旋转，地球是方的而不是圆的，星星也不是巨大的恒星，而是微弱的光点。

形而上学体系的理论和实践包括了解关于你自身和你生存于其中的整个世界的真理。知道和谐的思想才能带来和谐的生命——要想到健康，你才能健康；要想到富有，你才能富有。要做到这些，你完全不能依赖感官给你的证据。

当你知道一切的疾病、痛苦、匮乏、局限都是错误思考的结果，你就会真正理解这句话——"真理能使你得以自由"。你会看到崇山峻岭从你面前挪开。如果这些不过是怀疑之山、恐惧之岭、忧惧之峰或是其他种种气馁挫折的话，你当知道它们不过是虚幻的存在，不仅应被挪开，而且应当被"扔到海里去"。

你真正需要做的，就是确知这些事实。如果你做到了，你就能够正确地思考了。真理有一个重要的准则，它会自己彰显出来。

那些用精神方法治疗疾病的人都明白这个道理,他们把这个道理在自己和他人的日常生活中付诸实践。他们知道生命、健康和富有都是无处不在的,充斥着天地间的万物,而那些允许疾病、匮乏等情形在自己身上发生的人,实在是还没有领悟这一伟大的法则。

一切情形都是思想的产物,因此也都在精神范畴之内。疾患和匮乏也不过是精神状态,在这种状态下的人不能感知真理的存在。只要他们挪开谬误的大山,这些负面的情形也就会随之改变。

消除谬误的方法,就是沉浸到"寂静"之中去寻求真理。一切的精神都是合一的,你可以为你自己寻求真理,也可以为其他人寻求。如果你已经学会为你渴望的情境构建精神图景,就能够发现通往目标的最简捷的途径。如果你还做不到这一点,你就应该通过自我内心的论辩,让自己确信自我目标的正确性,以此来实现你的梦想。

请记住,这是最难掌握但也是最神奇的一句话……记住,不管困难有多少,不管坎坷在何方,不管涉及什么人,对你来说,你唯一需要对付的就是你自己,你唯一需要做的就是告诉你自己,你所想要的结果一定会实现。

这是一句符合玄学体系的科学陈述,要知道一切永恒的结果都是通过这种途径得以实现的。

构建精神图景,自我内心的论辩以及自我暗示都是集中意念的不同形式,通过这些途径你就能实现真理,实现梦想。

如果你想要帮助某人,想要帮助那些在患难中的人战胜局限、匮乏和谬误,你应该采取的方法是不必去想那个你希望帮助的人,你只需要有这种帮助他们的意识,这就足够了,因为这种意识让你在精神上与那个人会合。然后,赶走你自己心中的软弱、匮乏、局限、危险、困难等想法。如果你能做到的话,你所希望实现的结果就能实现,你所想要帮助的那个人就会得以自由。

但是,要记住,思想是具有创造性的,当你的想法专注于一些看起来并不和谐的情境时,你一定要认识到这些情境不过是暂时的表象,并非真实的存在,唯一真实的存在就是精神,精神永远都是完美无缺的。

所有思想都是一种能量形态,是一种振动频率。但正确的思想是振动的最高形式,因此能够摧毁一切的谬误,就像光明能够驱逐黑暗一般。任何谬误在真理现形之时都会自动逃遁,因此,你全部的精神努力就在于领会什么是真理。这能够让你战胜一切的软弱、匮乏、局限、疾病等等。

我们从外部世界中不可能获得对真理的领悟,外部世界只是相对的,真理是绝对的。因此,我们只有在内在世界中寻求。

训练你认识唯一真理的智慧,也就是表达

你唯一真实的境遇。你做此事的能力,标志着你所取得的进步。

"自我"是完整的、完美的,这一点是绝对真理。真正的"自我"是精神的,因此也是尽善尽美的。它没有软弱、匮乏,也没有局限和任何的疾患。天才的灵感闪现并非来自脑部细胞的运动,而是由"自我"所激发,所谓的"自我"就是与宇宙精神相一致的精神之我,这种精神的同一性是所有灵感、一切天才的起源。由这种灵感激发产生的结果是意义深远的,并将影响未来的世世代代。它们是云中的火柱,照亮了茫茫旷野的旅程。

真理的获得不是逻辑训练或是实验的结果,甚至也不能依靠观察所得。真理是一种意识开发的产物。恺撒的真理意味着他的独裁统治,这体现在他的生命和行为中,也体现在它对社会进步和社会变革的影响中。你的生命和你的行为以及你对世界的影响,都取决于你对真理认知的程度，因为真理不是在信条中体现，而是在行为中体现的。

真理也体现在人的性格上，而性格对个人来说，是他本人宗教信仰的诠释。所谓的信仰，就是对他来说什么是真理。这种真理就体现在他的性格中。如果一个人总是抱怨运气不好，那他就是在对自己说谎，因为他否定理性的真理，尽管真理清清楚楚地彰显在我们面前，叫人无可辩驳。

我们的环境以及我们生活中数不清的境况和遭遇，在出现以前都已经存在于我们潜意识的人格当中了，这种潜意识把符合自己性情的精神和物质原材料吸引过来。这样，我们可以知道，过去造现在，现在造未来。如果我们的个人生活中有什么不公的处境或是落魄的阶段，我们应该首先省察自己的内心，看看究竟是什么样的精神因素为我们招致了这些外在的结果。

真理能够使你"自由"，如果你能有意识地

认识真理,你就能够战胜一切困难。

你在外在世界中遭遇到的境况,永远都是你内在世界境况的反映。因此,要让你的心灵拥有完美无憾的理想,这样,你才能够在外在环境中遇见理想的机遇和条件——这一点是经得起科学验证的。

如果,你总是看到环境中的缺憾、不满、限制等负面的因素,那么这些境况越发会在你的生命中出现。然而,如果你训练你的心灵,去注视精神的自我,也就是永远完美、完整、和谐的"自我",那么,你就能够拥有对你的身心健康有益的外部环境。

思想是具有创造性的,而真理是最完备、最高境界的思想。因此,正确的思考能够带来正确的创造。当真理到来,谬误必然退避、消失,这一点是不言自明的。

宇宙精神是一切精神的汇聚。精神就是智慧,精神即心智。精神和心智是同义词。

你必须努力认识到这样一点,精神不是个体的存在,精神是无处不在的。它布满一切存在之中。换句话说,没有一处没有精神的影踪。因此,精神是宇宙中的普遍存在。

人们一直喜欢用"上帝"这个词来指代他们理解的宇宙创造性法则,不过"上帝"这个词并不能准确地传达真实的意义。大多数人认为上帝意味着自身以外的什么东西。而事实正好相反。如果我们的身上没有它的存在,那么我们就是已死的人了,我们也就不存在了。自灵魂离开我们身体的一刹那起,我们就什么也不是了。因此,精神是真实的存在,是我们的全部。

精神的唯一活动就是思考。因此,思想应该是具有创造性的,因为精神是创造性的。这种创造力是非人格的力量,而你的思考能力,也就是你控制这种创造力的能力,是你为了自己和他人的利益而运用它的能力。

当你认识、理解并接受了这个道理的时候,

你就拥有了一把"万能钥匙"。但要记住,只有这样的人才能进入这座精神的宝库、分享其中的一切:他们有足够聪明的才智去领悟真理,有足够开阔的心胸去衡量证据,有足够坚定的意志去遵循自己的判断,有足够强大的力量去做出必要的牺牲。

这一周,试着去认识:我们生息其中的是一个真实的神奇世界,而你也是一个神奇的生命存在。在这个世界中,许多人开始认识到什么是真理,而一旦他们认识到那些"为他们预备的东西",他们就能实现那些"眼睛未曾看见,耳朵未曾听见,人心也未曾想到的"事情。[①]这样的辉煌,是那些发现自己身处"乐土"的人而存在的。他们跨越了判断的河流,抵达了明辨

---

① 以上引文出自《新约·哥林多前书》第2章第9节。——译者注

是非的彼岸,并发现他们从前所希望和梦想的一切,只不过是关于那炫目现实的平淡观念而已。

良田豪宅可以传承给后代,而知识和智慧则不能。富人可以花钱让别人给他干活,但想要得出自己的思想,却无法由他人代劳,而且,他也买不来任何种类的自我修养。

——S. 斯迈尔斯

要点问答

1. 现有的形而上学中,其理论和实践基于什么原则?

基于对自身和世界的"真理"的认知。

2. 什么是有关自身的"真理"?

真正的"我"或者"自我"是精神的,因此绝对是尽善尽美的。

3. 摧毁各种形式的谬误的方法是什么?

要让自己绝对相信有关未来情境的"真实"性,这种情境应该是你所盼所想,希望在现实生活中彰显出来的。

4. 我们可以帮助其他人做到这些么?

宇宙精神是整体的、不可分的。我们生活于其中、运动于其中、存在于其中。因此帮助他人就像帮助自己一样。

5. 什么是宇宙精神?

它是现有所有精神的总和。

6. 宇宙精神何在?

宇宙精神无所不在,所在皆有,无处无之。因此,它也存在于我们的内心。宇宙精神就是"内在世界",它就是我们的灵魂,我们的生命。

7. 宇宙精神的本质是什么?

它是精神性的,因而也是创造性的。它寻求在形态上表达自己。

8. 我们如何作用于宇宙精神?

通过思考。我们的思考能力,就是我们作用于宇宙精神的能力,也是我们为了自身和他人的利益去彰显宇宙精神的能力。

9. 思考意味着什么?

意味着清晰、坚定、冷静、审慎、恒定的思想,带有可以看得见的明确目标。

10. 这样做的结果是什么?

你也可能会说出这样的话:"不是我在做什么,乃是住在我里面的父做他自己的事。"你会知道,这位"父"就是宇宙精神,他实实在在地住在你的里面,换言之,你会懂得,《圣经》中那些美妙的允诺,都是事实,而非虚构,任何充分领会其中要义的人都可以证实。

庙宇中摆放着圣像,
它们的影响似乎加诸众人之上,
而事实上,人们头脑中的意念、影像,
才是恒久控制他们的不可见的力量;
人们屈膝拜伏,各地各方,
正是朝着这种力量。

——乔纳森·爱德华兹